図解

眠れなくなるほど面白い

毒の話

日本薬史学会会長
日本薬科大学客員教授
船山信次 監修

日本文芸社

はじめに

みなさんは「毒」と聞いて、何を思い浮かべますか？ 恐ろしい毒ヘビ、触れるだけで激痛を伴うクラゲ、あるいは知らず知らずのうちに体に蓄積される化学物質でしょうか。毒は私たちの身の回りにつねに潜んでいます。その多くは目に見えず、ときには無味無臭で、気づいたときには取り返しのつかない事態を引き起こすこともあるのです。

たとえば、たった数mgで瞬間的に命を失う毒もあれば、長い期間かけて静かに体を蝕《むしば》む毒もあります。生物が持つ毒は、一般に、獲物を仕止めたり、敵から身を守ったりするために進化したものですが、それが人間にとって致命的な脅威となる場合も少なくありません。さらに、毎日私たちが口にする食べ物や飲み物のなかにも、知らずに取り込んでしまう毒が潜んでいることのあることを知っていますか？ 息をするだけで吸い込む大気中の毒性物質もまた、現代社会が生み出した恐怖のひとつです。

しかし、毒はただ恐れるだけの存在ではありません。多くの毒は人間の命を脅かす一方で、医療や科学の分野ではその特性を利用して治療や研究に活用されています。たとえば、毒トカゲの毒からつくられる薬の例や、ボツリヌス菌の毒素が美容医療に使われる例など、毒は人類の知恵と技術によって「強い味方」にもなりえるのです。

本書では、こうした毒の真実を科学的な視点から繙《ひもと》きつつ、その恐ろしさと対策を図版やイラストを用いて視覚的に理解できるように解説しています。毒とは単に恐怖の対象というわけではありません。その正体を知り、しっかり理解すれば、私たちは適切にそれに備えることができるからです。そう考えると、無知であることのほうがよほど「毒」なのかもしれません。

本書が、みなさんの新たな知識と気づきの一助となることを願っています。

日本薬史学会会長・日本薬科大学客員教授　船山信次

プロローグ
-01-

毒がもたらす人体への影響は？

飲食物や生物、生活・自然環境など、私たちの身の回りに潜む毒。
種類もさることながら、その強さや人体への影響もさまざまです。
俗説に惑わされず、正しい知識で身を守りましょう。

毒が引き起こす人への症状はさまざまで、毒の種類や摂取方法、摂取量などによって異なります。最悪の場合には死に至ることも。

毒の作用

毒は、効く時間や影響する範囲など身体への作用の仕方によって分類することができます。分類の仕方はいくつかあり、ここでは代表的な3つを紹介します。

毒物を摂取すると……

作用①

可逆性毒《かぎゃくせいどく》

一時的に作用するが、元の健康な状態に戻る。

不可逆性毒《ふかぎゃくせいどく》

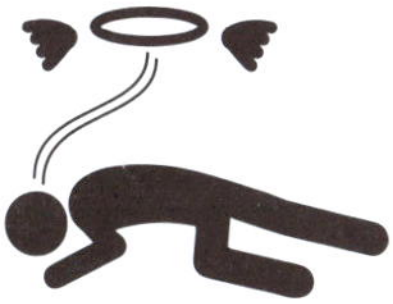

元の状態に戻らず、死亡や後遺症に至る。

毒の影響が一時的なものと、消えずに残るものとに分けられます。

作用②

急性毒

すぐに作用する。
例：サリン、ハブ毒

慢性毒

徐々に影響を及ぼす。
例：肝臓毒、発がん性物質

毒が体に作用するスピードで分ける方法。体内に入るとすぐに毒性を発揮する「急性毒」と、長期にわたる摂取などで徐々に影響が出る「慢性毒」に分けられます。

作用③

全身毒

全身に影響を及ぼす。
例：フグ毒、サソリ毒

局所毒

一部分に影響を及ぼす。
例：硫酸、水酸化ナトリウム（苛性ソーダ）

毒の影響する範囲で分ける方法。毒に触れた部分にだけ毒性があらわれる「局所毒」と、全身に作用する「全身毒」に分けられます。

日常に潜む
危険！

身近な毒は こんなにある！

この世界にはいたるところにあらゆる毒が存在しますが、知らぬうちに摂取してしまうことも。では、毒の種類にはどんなものがあるのでしょうか。

植物の毒

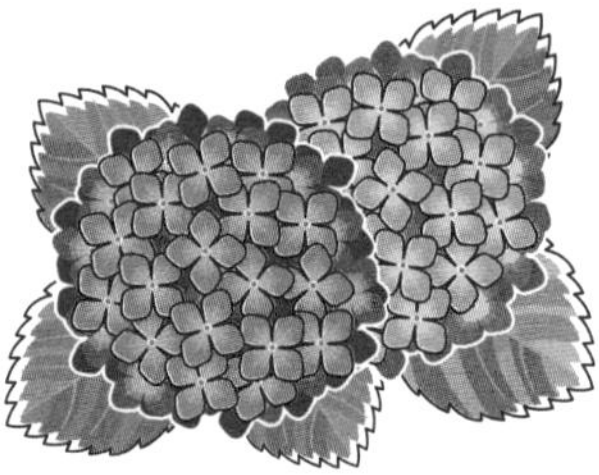

致死量3gの猛毒
カエンタケ
▶P70

その葉がシソに激似！
アジサイ
▶P66

純白の“殺しの天使”
ドクツルタケ
▶P72

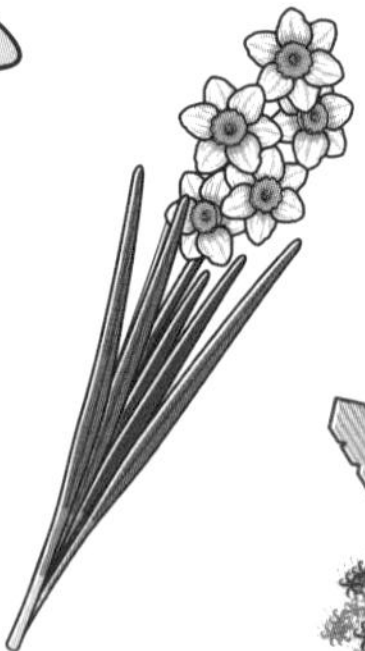

ニラと誤食多発
スイセン
▶P64

ミステリーの常連
トリカブト
▶P62

「死人花《しびとばな》」の異名あり
ヒガンバナ
▶P68

誤食による食中毒があとを絶たない「植物の毒」。食用の山菜や野菜に似た“そっくりさん”を間違えて食べてしまうと一大事に。また、うっかり触ってしまって皮膚から毒が吸収されることも。

生き物の毒

2回刺されると死ぬ？

ハチ

▶P40

「日本三大毒ヘビ」に注意！

ヘビ

▶P46

「死のストーカー」

サソリ

▶P42

うっかり踏んだりすると一大事

タコ

▶P50

地味な見た目の最凶生物

イソギンチャク

▶P54

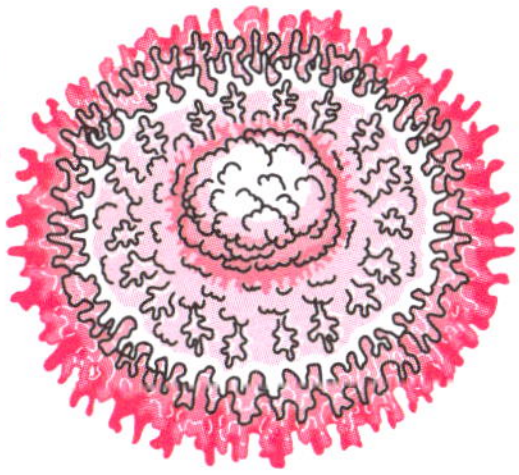

触手で毒を注入

クラゲ

▶P52

毒にも薬にもなる唾液

トカゲ

▶P56

毒矢にも使われた

カエル

▶P48

噛まれると超痛い

クモ

▶P44

死に至る猛毒の持ち主も少なくない有毒生物たち。毒々しい派手な見た目の生き物もいれば、岩などに擬態する生き物も。進化の過程での“生存戦略”ともいえる、生き物の毒の特徴を見てみましょう。

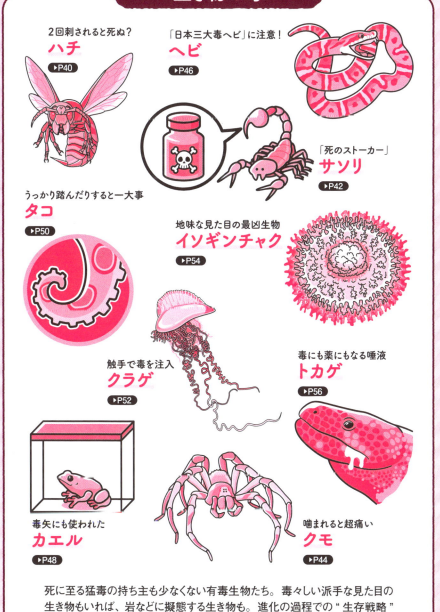

麻薬

体への影響甚大
危険ドラッグ
▶P118

最悪な麻薬！
ヘロイン
▶P124

その昔はコーラに入っていた！？
コカイン
▶P120

密輸が横行
覚醒剤
▶P122

危険とわかっているはずの麻薬に、人はどうして虜になってしまうのか？

環境の毒

公害も問題に
アスベスト
▶P78

ダイオキシン
▶P80

水銀
▶P84

身近な有毒ガス

一酸化炭素
▶P82

二酸化炭素
▶P86

排気ガス
▶P90

火山ガス
▶P92

浴びたらハゲる！？
酸性雨
▶P94

吸わない人にも容赦なし！
ニコチン
▶P88

私たちを取り囲む環境に潜む毒。私たちは知らず知らずのうちに体が毒に侵されているかも……。

食べ物・飲み物

ついつい飲みすぎ、が怖い

カフェイン

▶P100

アルコール

▶P102

調味料にも致死量が！

食塩

▶P98

まさかの病気リスクあり

マーガリン

▶P108

加工肉

▶P110

食物毒界のレジェンド

フグ

▶P106

実際体に悪いの？

焦げ

▶P112

思った以上に芽がヤバい！

ジャガイモ

▶P104

誰しも身近な飲食物だからこそ、「知っているつもり」になっていませんか？
実際どんな危険があるのか知り、健康リスクを抑えましょう。

世界中の毒物についてさらに詳しく見ていきましょう！

目次

第2章 触ったり刺激したりすると痛い目を見る 生き物の毒

第3章 美しい花には毒がある 植物の毒

第4章 息を吸うだけで勝手に入ってくる迷惑な環境の毒

第5章 誰しもいちばん身近な食べ物・飲み物の毒

第6章 徐々に体を蝕む依存度の高い麻薬

※本書では微生物などのほか、魚類や、両生類、爬虫類、鳥類、哺乳類などの動物をまとめて「生き物」と表記しております。

第1章

知っておきたい毒の基本

毒の定義や種類、作用のしくみを学び、その恐怖と対策を知るための基礎を解説します。

POISON

-01-

毒と薬ってホントは同じ？

使い方を誤れば薬も毒になる

体に害を及ぼす毒と、体調を整えて回復させる薬。正反対のもののように思えますが、実は毒と薬に明確な区別はありません。毒性しかない、またはよい効果しかない物質は存在せず、**すべてのものは毒にも薬にもなりえる可能性を持っています。**

たとえば麻薬として有名なモルヒネは、吐き気や眠気をもたらし、高い依存性を持つ危険な物質です。しかし、医療現場では麻酔薬として用いられ、激しい痛みを緩和する効果があります。使い方や服用する量の差で、もたらされる効果は大きく異なってくるのです。

もっと身近にあるものでも同じことがいえます。人間が生きていくうえで欠かせない水は、適量を摂取すれば体を健康へと導きますが、あまりに摂取しすぎると病気になってしまうことがあります。食後の一息によく飲まれるコーヒーも、単純に味や香りを楽しんだり眠気覚ましに用いられたりする一方で、含まれるカフェインには大量に摂取すれば、最悪の場合、死に至る毒性もあるのです。また、薬にも副作用という望ましくない作用があります。

普段、毒とは思わずに口にしている食べ物や薬が、用法用量を間違えれば体に害を及ぼす元凶となります。日ごろから十分に注意しておくに越したことはないでしょう。

毒か薬かは使い方で変わる

適量を
摂取すると……
誤った方法・量で
摂取すると……
薬
毒
乾燥させ弱毒化処理されたトリカブトの塊根《かいこん》は「附子《ぶし》」と呼ばれ、漢方薬に配合される。
猛毒で知られるトリカブトは、嘔吐やしびれを引き起こし、窒息死することも。

毒の毒として・薬としての作用

薬としての作用	←→	毒としての作用
激しい痛みを緩和する。	モルヒネ	吐き気や眠気などをもたらす。依存性が高い。
ある種の白血病治療への応用。	亜砒酸	皮膚炎や神経障害、腎臓障害などを引き起こす。
インフルエンザの症状を緩和する。	タミフル	吐き気、下痢、突発的な異常行動、突然死などを引き起こす。

POISON

-02-

毒には「天然毒」と人間がつくった「人工毒」がある

毒の由来は2種類ある

毒はその由来とするかによって、天然毒と人工毒の2つに分類されます。**天然毒は自然界に存在する毒のことです**。具体的には植物、動物、微生物、鉱物に備わっている毒をさします。毒草や水銀などがその代表例です。

また天然毒については、生物由来かどうか、そのなかでもさらに分類されることもあります。英語にはその分類を示す単語があり、まず、天然毒や人工毒を区別せずに毒全般をさすpoison《ポイズン》、そのなかの生物由来の毒をさすtoxin《トキシン》、さらにそのなかにある、動物が持つ毒腺から分泌される毒をさすvenom《ベノム》という3つがあります。

一方、**人工毒は人間がつくり出した毒のことをいいます**。工業用の塗料や、植物を枯らす農薬、兵器として開発された毒ガスなどがそれにあたり、もともとは自然界に存在しなかったものです。特に、毒ガスのような化学兵器は戦争に利用され、多大な被害を出しました（32〜33ページ）。現在では条約でその開発・研究が禁止されています。

このように、毒とひとくくりにいっても、さまざまなものがあります。由来が違う毒は、それぞれ使われる目的も違い、生物が身を守るため役立っているものもあれば、人間が生活や戦争のために生み出したものもあるのです。

「天然毒」と「人工毒」の違い

天然毒

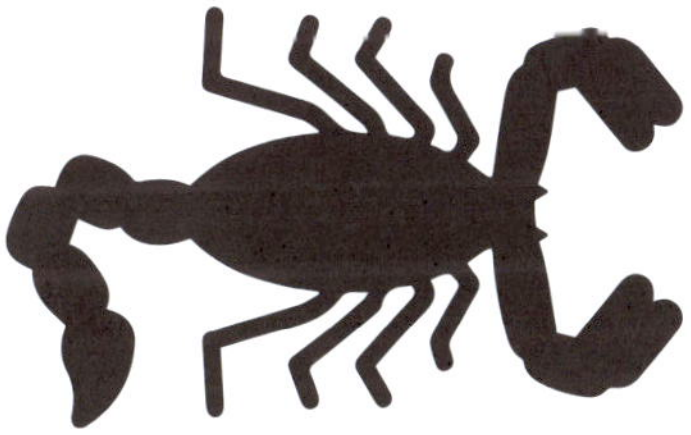

もともと自然界に存在する毒のこと。なかでも植物由来か、動物由来か、微生物由来か、さらに鉱物由来かなどで分類される。

人工毒

人間がつくり出した、自然界に存在しなかった毒。工業の発展や戦争とともに生まれた。

天然毒・人工毒の例

天然毒

植物毒

毒草、微生物

動物毒

ヘビ

毒キノコ、細菌※

フグ

鉱物毒

硫砒鉄鉱、水銀

※キノコは微生物に入れることもある。

など

人工毒

工業毒

四塩化炭素

毒ガス

サリン、塩素ガス

農薬

除草剤、殺虫剤

など

POISON

-03-

体内でいろいろな症状が！ 毒は大きく分けて6種類

毒は体のどこに効くかもさまざま

前ページでは毒を由来によって分類しましたが、人体への反応によっても分類することができます。その種類は大きく分けて6つあります。

まず1つ目は「実質毒」です。**摂取すると、直接内臓が蝕まれてしまいます**。なかには、作用する臓器が決まっているものもあります。

2つ目は「血液毒」。血液に作用し、血を固まりにくくしたり、ヘモグロビンと結合して赤血球が全身に酸素を運ぶのを邪魔したりします。

3つ目は「神経毒」です。神経系に作用して、その生物の動きを制限します。麻痺や錯乱を引き起こすのが特徴です。

4つ目は「発がん毒」です。がん細胞の生成を活発化させる働きがあります。

5つ目の「腐食毒」は、体に触れるとその部分がただれてしまう毒です。水銀や硫酸などがこれにあたり、**扱う際は素肌で触れないように細心の注意をはらう必要があるでしょう。**

6つ目の「遅延毒」は、毒の症状があらわれるまでにかなり時間がかかります。また、摂取した本人に影響はないものの、妊娠している場合はおなかの子どもに影響が出るものもあります。

毒がどの部位に作用するか、**どのくらいで症状があらわれるのかによっても対処法が異なってくる**ため、摂取してしまった場合には、その種類をしっかり見極めることが大切です。

人体への反応で分ける毒の種類

実質毒

ヒ素、カドミウム、一部のキノコの毒など

体内で吸収されたのちに、直接内臓を蝕む。作用する臓器ごとに種類がある。

血液毒

マムシ、ハブ、クモの毒など

血液に作用する。血を固まりにくくしたり、ヘモグロビンと結合して赤血球が全身に酸素を運ぶのを邪魔したりする。

神経毒

サソリ、コブラ、フグの毒など

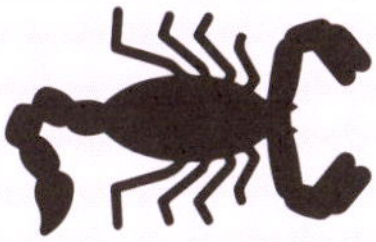

神経系に作用する。麻痺や心不全、呼吸困難、錯乱などを引き起こす。

発がん毒

焼き魚の焦げ、ワラビのアクなど

がん細胞の生成を活発化させる。新たながん細胞をつくるイニシエーターと、細胞のがん化を促進させるプロモーターがある。

腐食毒

硫酸、水銀など

触れた部分の細胞や組織を破壊し、皮膚をただれさせる。火傷のような状態になることが多く、痛みなどを伴う。

遅延毒

サリドマイドなど

摂取した本人には影響がないが、妊娠中であると胎児に影響が出たり、長い年月を経て症状があらわれたりするものもある。

POISON

-04-

その毒はどこから？侵入経路によって効き方が変わる

毒の入り方にも種類がある

毒が体内に侵入する経路は複数あります。そして、その経路によって毒の効き方は異なります。まず、**可能性がいちばん高いのは口からの侵入でしょう**。毒を含むものを食べたり飲んだりすることで体内へと入ります。この場合、毒が作用する特定の部位へと至るまで症状があらわれないことがほとんどです。毒は体内に入ると消化管から吸収され、血液とともに全身を循環して、ターゲットの部位へと到達します。そのため、消化の過程で毒性が弱まることもある一方、逆に消化によって毒性が高まってしまう可能性もあります。

次に、目や鼻からの侵入です。ガスのように気体に毒が溶け込んでいる場合、それを吸引したり、目に染みたりすることで体内へ侵入します。また、注射による侵入もあります。注射器で毒を注入するほか、ハチに刺されて毒が体に回るといったことも考えられるでしょう。注射には静脈注射と筋肉注射があり、**静脈注射の場合は血液に直接毒が流れ込んで特定の部位に運ばれていくため、効き目が速い**です。一方、筋肉注射はよりゆっくりと効いていきます。

さらには、**触れた箇所から毒を吸収してしまうこともあります**。この場合は肌がただれたり、かぶれたりと、すぐに症状があらわれることが多くあります。

毒の侵入経路

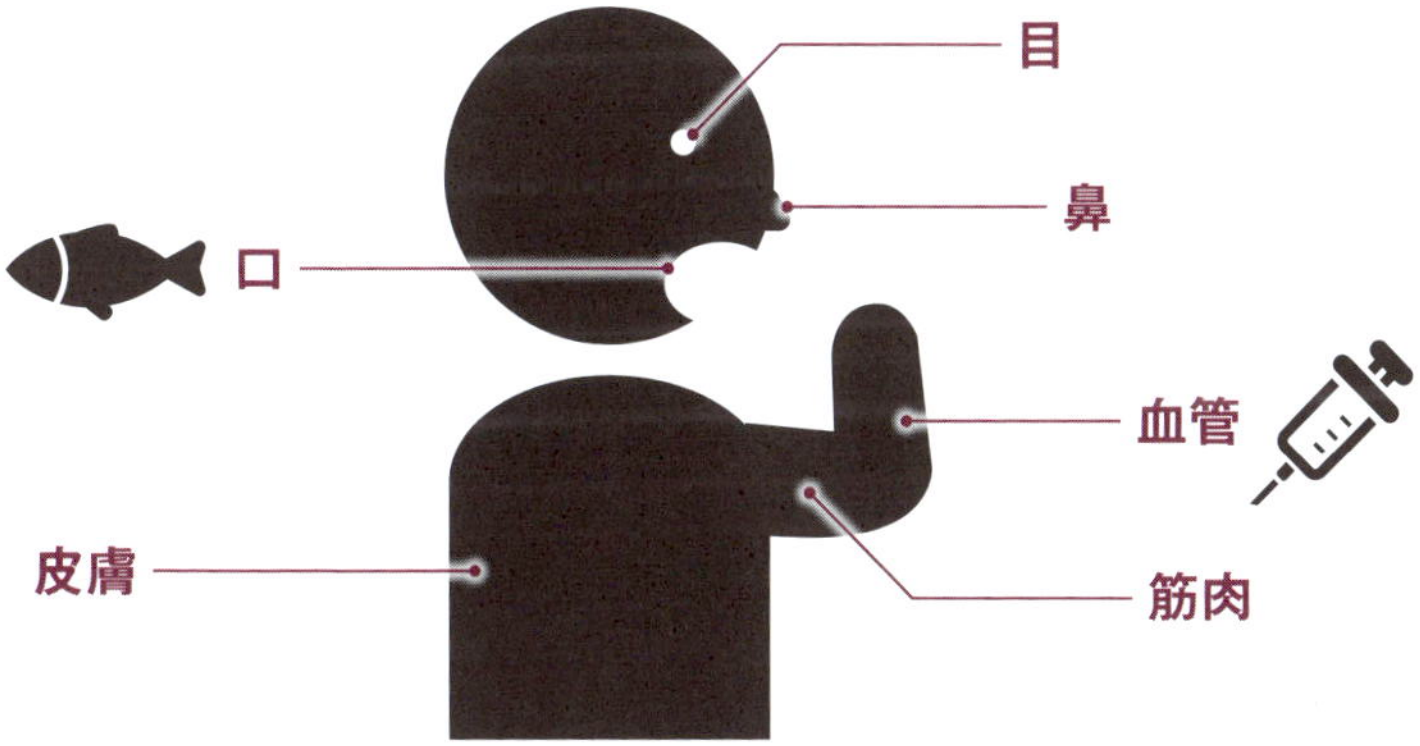

ガスが目に染みたり、鼻から吸い込まれたりするほか、口から毒を摂取するパターンや皮膚に毒が接触するパターンも考えられる。また、かまれたり刺されたり、点滴や静脈注射、筋肉注射によって血管から直接体内に侵入することも。

口から侵入した場合の毒の効き方

①口から侵入して体内へ

→

②吸収

多くの場合、毒は小腸で吸収される。

→

③運搬

吸収された毒が血液によって全身の組織や臓器へと運ばれていく。

代謝によって毒性が弱まったり、逆に毒性が高まったりすることもある

④特定の部位に到達

ターゲットの部位に届くと毒が作用する。

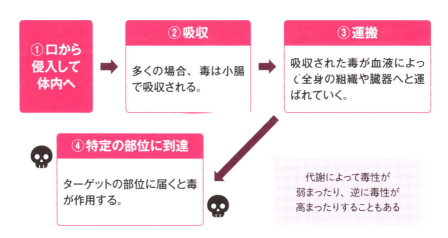

POISON -05-

地球上最強の毒って？毒の強さの判断基準とは

毒の強さをあらわす指標がある

毒には多くの種類があり、それぞれ効き目も異なっています。そんな毒の強さをわかりやすくあらわすための指標に、「LD_{50}（半数致死量）」というものがあります。**毒をどれくらい摂取すればその半数が死に至るのかの推定値のことです**。これは、一般に、実験動物に毒を少しずつ量を増やして与えていってその生死をグラフに示したものから算出されます。その単位は通常「mg／kg」で、体重1kgあたりの毒の重量です。この数値が小さいほど、少量で多大な効き目があるため、毒が強いといえるのです。

特に、**地上で最強の毒を持つとされるのがボツリヌス菌です**。これがつくるボツリヌストキシンAという毒素の推定LD_{50}は0・0000011mg／kgで、人間だと1gで1500万人以上もの人々が死に至る危険性があるほどの威力があります。身近なものとしては、ハチミツなどにごく少量の菌が入っていることもありますが、もし摂取しても、大人であれば腸内の細菌のおかげでボツリヌス菌が増えにくいため、通常、特に悪影響はありません。しかし、赤ちゃんはまだ腸内細菌が活発には働いていないため、摂取するのは危険です。そんな最強のボツリヌストキシンAですが、美容医療ではしわを改善するボトックスという施術に活用されています。

LD_{50}の見方

青酸カリのLD_{50}の場合

LD_{50}

＝

10 mg/kg（ラット、経口）

体重1kgあたりの死に至る毒の重量

LD_{50}を出す実験で毒を投与した動物の種類

毒を投与した方法

この場合、100匹のラットに体重1kgあたり10mgの青酸カリを経口投与したところ、その半数の50匹が死亡する可能性があるという意味になる。

最強の毒をつくる「ボツリヌス菌」

ボツリヌス菌は酸素が苦手。普段は酸素のないところに潜伏し、増殖する。

美容医療では、筋肉の緊張を和らげてしわを改善するボトックスという施術に活用される。

ボツリヌス菌がつくる毒素、ボツリヌストキシンAのLD_{50}は0.0000011mg/kgで、この世界にある毒性のなかで最も毒性が強いとされる。

誤飲・誤食・誤用！毎年起こる中毒事故ランキング

中毒事故は食中毒がダントツで多い

毒が原因の症状をまとめて「中毒」といい、この状態に陥ってしまう事故が毎年多発しています。最もよく発生しているのは、食事によって引き起こされる食中毒です。

なかでも、**いちばん発生件数が多いのが、寄生虫のアニサキスによる食中毒です。**アニサキスは生鮮魚介類に寄生していて、お刺身のような生の魚介類を食べて食中毒に陥るケースが多く見られます。下処理の際には、速やかにアニサキスが寄生している内臓を取り除きましょう。またアニサキスは、マイナス20度℃以下で1日以上の冷凍か、しっかりと加熱をすると死滅することも知っておきましょう。

2番目に多いのは、カンピロバクター菌による食中毒です。カンピロバクター菌はニワトリやウシ、ブタなど家畜の多くが保有している菌で、食肉の加熱不足が原因で人間に感染してしまいます。感染の数週間後に、**麻痺や呼吸困難の症状があらわれる「ギラン・バレー症候群」を発症することもあります。**

3番目は、ノロウイルスによる食中毒です。ノロウイルス感染者が調理したものを食べて感染してしまうケースが近年増加しています。

これらの食中毒は、食材の取り扱いや下処理に気をつけることである程度予防することができます。正しい処理で健康を守りましょう。

令和5年　原因別の食中毒発生件数

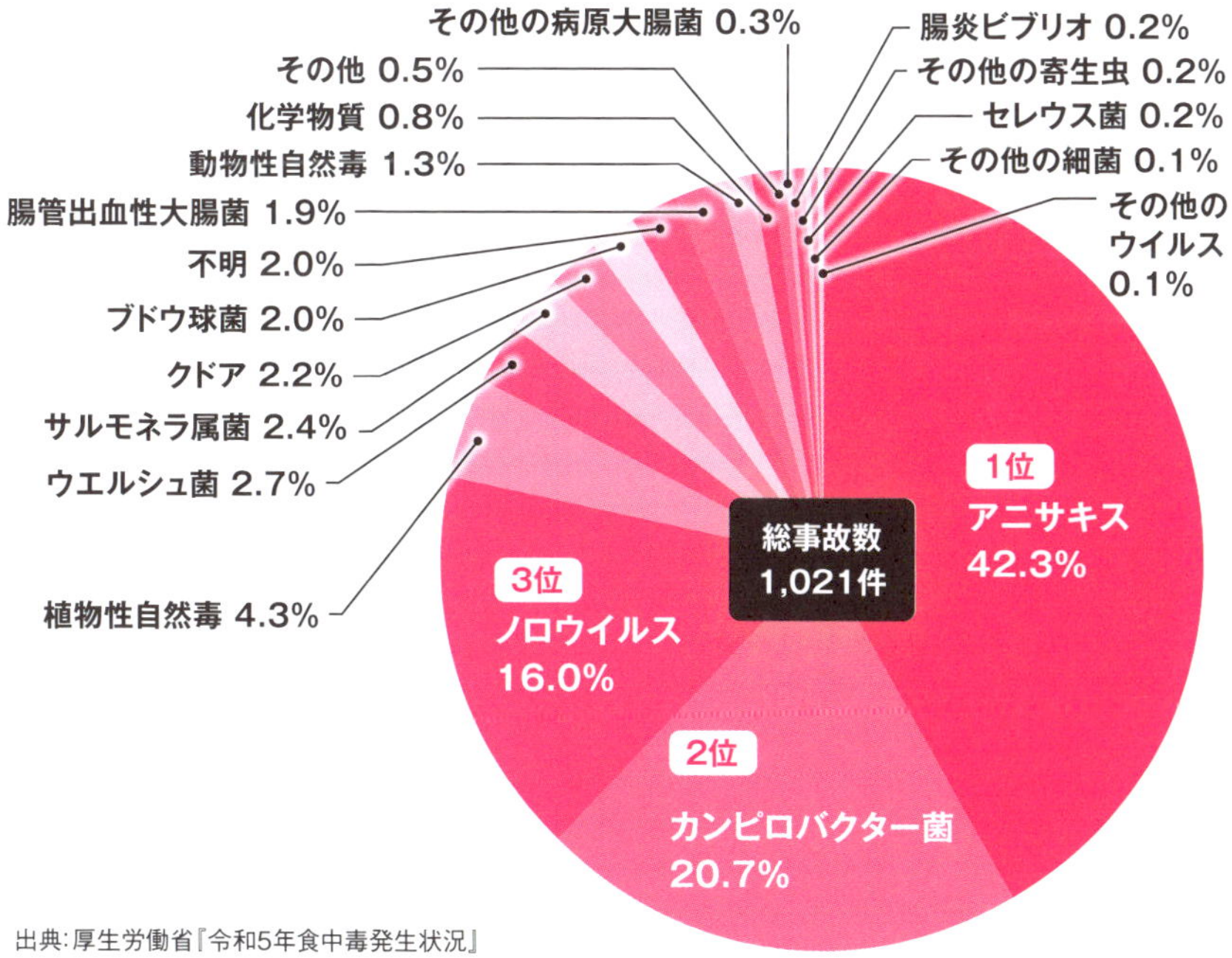
その他の病原大腸菌 0.3%
腸炎ビブリオ 0.2%
その他 0.5%
その他の寄生虫 0.2%
化学物質 0.8%
セレウス菌 0.2%
動物性自然毒 1.3%
その他の細菌 0.1%
腸管出血性大腸菌 1.9%
その他のウイルス 0.1%
不明 2.0%
ブドウ球菌 2.0%
クドア 2.2%
サルモネラ属菌 2.4%
ウエルシュ菌 2.7%
植物性自然毒 4.3%
1位
アニサキス
42.3%
総事故数
1,021件
3位
ノロウイルス
16.0%
2位
カンピロバクター菌
20.7%

出典：厚生労働省『令和5年食中毒発生状況』

食中毒を予防するには？

アニサキス

・生鮮魚介類を調理する際は速やかに内臓を取り除く。
・-20℃以下での冷凍もしくは加熱調理をする。

ノロウイルス

・食材を中心部までしっかり加熱する。
・手洗いと消毒を徹底する。
・食品に直接触れる際は使い捨て手袋を着用する。

カンピロバクター菌

・肉は中心部を75℃以上で1分間以上加熱し、しっかりと中まで火を通す。
・肉用とそれ以外で調理器具を分けて使う。
・肉を扱った調理器具はしっかりと洗浄・殺菌し、自身の手も洗う。

POISON

-07-

食中毒の原因となる細菌とウイルス、どう違う？

細菌とウイルスはまったく別物

前ページで食中毒について解説しましたが、その原因となる細菌とウイルスは似ているようで実はまったく異なるものです。

細菌というのは人間と同じ「生物」に属しています。そして、生物の条件である①外界と膜で仕切られていること、②代謝を行うこと、③自己を複製する機能を持つことをすべて満たしているのです。細菌の感染の仕方には2種類のパターンがあります。ひとつは細菌が体内で増殖して毒素を放出するパターン、もうひとつはすでに増殖している細菌の毒素が体内に入り込むパターンです。

細菌に感染してしまった場合には、一般に抗生物質を投与して治療を行います。しかし、抗生物質に耐性を持つ細菌も増えており、治療は難しくなっているのが現状です。

一方、**ウイルスは生物ではありません**。感染する際は、体内で自身のコピーをつくり出して増殖し、細胞を破壊してどんどんほかの細胞も乗っ取っていきます。**ウイルスは細菌とは異なり、一般に抗生物質は効かず、主な対処法としては、ワクチン接種が挙げられます**。しかし近年では、まだわずかではあるものの抗ウイルス薬が開発されており、研究が進んでいます。

細菌もウイルスも感染する点は同じですが、増殖の仕方や対処法は異なっているのです。

細菌の感染と中毒症状の起こり方

体内で増殖パターン

食べ物などに潜伏していた細菌が体内に入り、特定の組織や器官で増殖して毒素を出し中毒症状を引き起こす。

体外で増殖パターン

食べ物などであらかじめ増殖していた細菌を摂取し、放出していたその毒素で中毒症状を引き起こす。

ウイルスの増殖の仕方

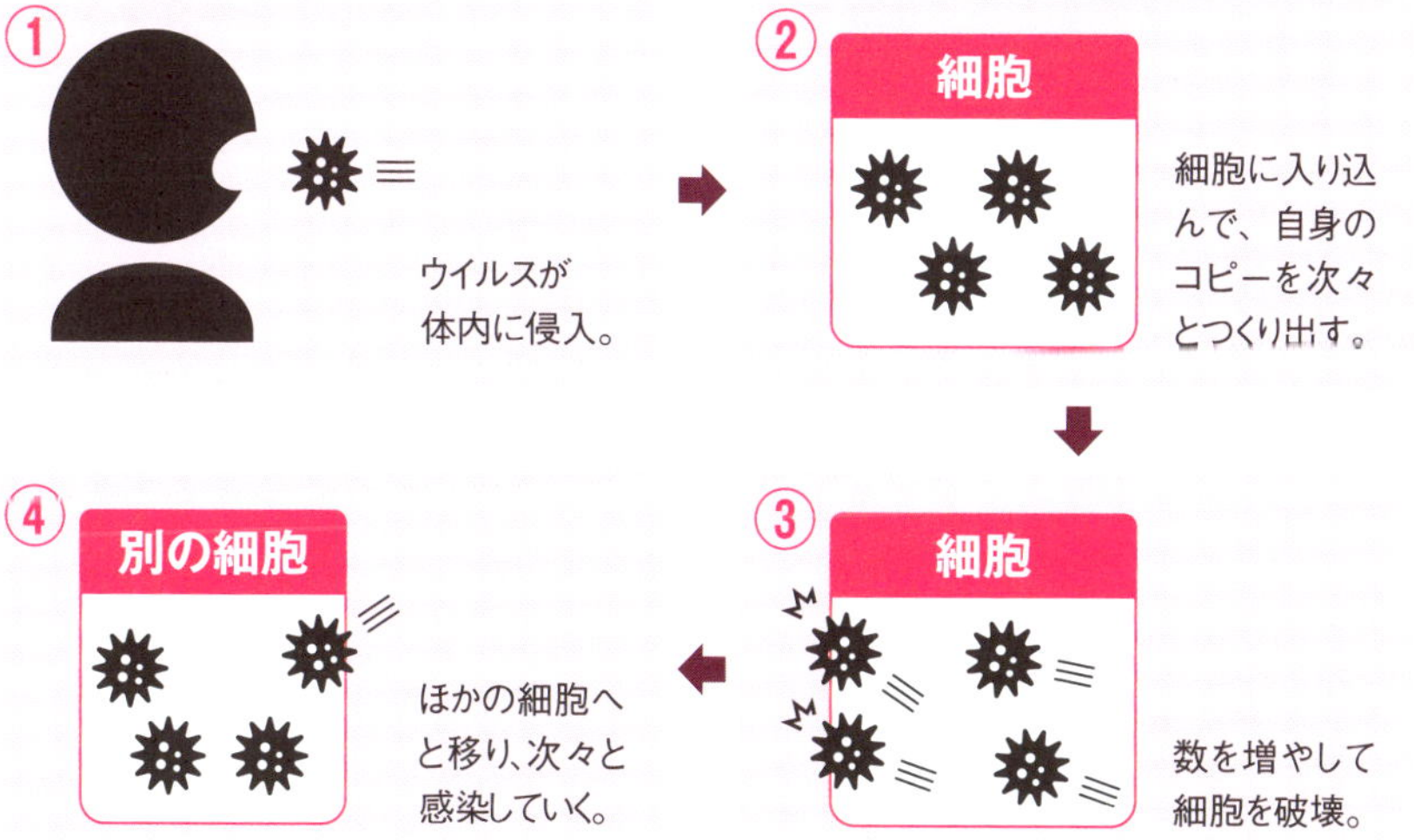
①
ウイルスが体内に侵入。
②
細胞
細胞に入り込んで、自身のコピーを次々とつくり出す。
③
細胞
数を増やして細胞を破壊。
④
別の細胞
ほかの細胞へと移り、次々と感染していく。

POISON

-08-

清潔すぎる生活はむしろ体を危険にする!?

多少の不衛生は免疫的には必要

近年、新型コロナウイルスが猛威を振るったこともあり、日常的に抗菌・除菌を徹底する人が多く見られます。身の回りをつねに清潔に保つことはとてもよいことのようにとらえられがちですが、実際には衛生的にそれが必ずしも正しいわけではありません。**むしろ清潔すぎるがゆえに、過度なアレルギー反応を起こしやすくなっている場合もあるのです。**

細菌やウイルス、寄生虫などは、人間にとって病気の原因になるものたちです。とはいえ、適度にそれらと接することによって免疫系が鍛えられ、よい効果をもたらすことも確かです。

そのため、あまりに清潔な環境で育つと、それらと触れる機会がなくなり、耐性がつかないままになってしまいます。この状態では、病気やアレルギーの原因になるものと接したときに、過剰な免疫反応が出やすくなるのです。

また、人間の健康には微生物の存在が欠かせません。体内には多くの微生物が存在し、共生しています。過度に清潔な状態を保っていると、その微生物さえも排除してしまい、逆に不健康を招くことになってしまいかねません。

清潔は徹底すればいいというものではなく、むしろ、**多少の汚れは気にしないほうがいいのかもしれません。**やりすぎない、ある程度の清潔を保つことを意識しましょう。

清潔すぎると免疫がつかない

極端に清潔すぎる環境に身を置いていると、細菌やウイルス、アレルギーのもとになる物質に敏感になり、体にひどい症状が出ることも。ある程度の汚れは気にしないでおくことで、それに対する免疫がつく!?

どの程度清潔ならいい？

手洗いをあまり神経質にする必要はない。帰宅時や食前、トイレ後など、必要時にするだけでも十分。

消毒液や除菌ジェルなどは、手を洗えない場合の代用として使用する。併用するのは過度の場合もある。

POISON

-09-

化学兵器として使われるヤバすぎる毒

人体を脅かす非常に危険な毒ガス

毒は過去に化学兵器として用いられ、戦争に利用されてきました。毒がはじめて使われたのは、紀元前５９５年の第一次神聖戦争です。クリスマスローズという植物の毒を川に入れ、下流で川の水を飲む敵軍を苦しめました。その後、**時代が進むと毒ガスが開発され、第一次世界大戦で大々的に使われるまでになりました。**

毒ガスには、大きく分けて４つの種類があります。まず１つ目が「神経剤」です。これは神経系に働く毒ガスで、吸い込むと筋肉がけいれんし、呼吸困難に陥ります。極めて毒性が強く、また無色でにおいも味もしないため、散布されても気づきにくいといえます。**「地下鉄サリン事件」で使われたサリンはこの神経剤にあたります。**

２つ目は「窒息剤」です。呼吸器系に作用するもので、塩素ガスがその代表例です。塩素ガスは黄緑色をしており、刺激臭があります。吸い込むと涙や鼻水が出てくるほか、肺炎や肺水腫を発症し、呼吸困難で死に至ることがあります。

３つ目は「血液剤」です。体内に取り込まれると、血液中のヘモグロビンと結合して細胞呼吸を妨げます。青酸ガスがこの一種です。

４つ目は「びらん剤」です。主な症状としては、触れた部分の皮膚がただれます。マスタードガスがこの代表例であり、吸い込むと、がんの発症率を高めてしまう危険性もあります。

毒ガスは大きく分けて4種類

神経剤

特徴 神経系に作用する。筋肉をけいれんさせ、呼吸困難を引き起こす。毒性が強い。

代表例 サリン

窒息剤

特徴 呼吸器系に作用する。窒息症状を引き起こす。

代表例 塩素ガス

血液剤

特徴 血液中のヘモグロビンと結合して細胞呼吸を阻害する。

代表例 青酸ガス

びらん剤

特徴 皮膚をびらんさせる、つまりただれさせる。

代表例 マスタードガス

毒ガスの開発・使用は世界的に禁止！

ジュネーヴ議定書

毒ガスをはじめとする化学兵器や細菌学的手段の戦争での使用禁止に関する議定書。

生物兵器禁止条約(BWC: Biological Weapons Convention)

生物兵器の開発や生産、貯蔵または保有を禁止するだけでなく、既存の生物兵器を廃棄しようとする法的な枠組み。

化学兵器禁止条約(CWC: Chemical Weapons Convention)

化学兵器の開発、生産、貯蔵、使用を全面的に禁止し、同時に米国やロシアなどが保有している化学兵器を一定期間内(原則として10年以内)にすべて廃棄することを定めたもの。

「これはっ……!」青酸カリって舐めて確認してもいいの?

毒に関するデマ情報には要注意

SNSに掲載されている情報のなかには、毒に関するものも多く存在します。たとえば、事件現場にある白い粉が青酸カリかどうかを舐めて確認するという情報を見たことはないでしょうか。これは、実際には絶対にやってはいけないことです。**青酸カリは少量でも危ない猛毒**。摂取すると胃酸と反応し、シアン化水素というガス(青酸ガス)を発生させます。このガスはかなり毒性が高く、頭痛やめまいを引き起こすほか、重度の場合はけいれんや呼吸困難に陥り、死に至ります。舐めて確認するなどもってのほかなのです。

また、**毒キノコに関するデマ情報もSNSで多く広まっています**。派手な色のキノコは危ないとよくいわれますが、ニュースでも取り上げられるツキヨタケは、落ち着いた色で地味な見た目をしています。色味だけで毒かどうかを判断することはできません。ほかにも、柄が縦に裂ければ食べられるキノコだというのもデマ情報です。柄が縦に裂ける毒キノコもあります。毒キノコに関しては、こうであれば大丈夫といった判断材料はなく、**専門家に判断を任せるのが最も安全で確実でしょう**。

SNSを通して、こうしたデマ情報は多く広まっています。鵜呑みにせず、本当に正しい情報かどうかしっかり見極めることが大切です。

毒物を舐めて確認してはいけない

青酸カリは少量でも危険な猛毒。
舐めれば即死することもある。

特徴

- 青酸ガスはアーモンド臭ともいわれる、ある種の異臭がする。
- 青酸ガスはシアン化合物に属し、これはタバコの煙や自動車の排気ガス、生のアーモンド、果物の種など、身近なものにも微量含まれている。

毒キノコのデマ情報

色味が派手だと毒キノコ

色味が派手な食べられるキノコや、逆に地味な毒キノコもある。

柄が縦に裂けるキノコは食べられる

毒キノコを含め、多くのキノコは柄が縦に裂ける。

ナスと一緒に煮ると毒が消える

毒は消えない。種類によっては調理法や食べ合わせで性質が変化するものもある。

虫が付いているキノコは安全

毒キノコにも虫は付く。毒が虫には効かずとも、人間には効くという場合も。

※これらはすべてデマ情報なので要注意！

コラム

-1-

ローマ帝国が滅んだのは毒のせいだった!?

古代ヨーロッパで繁栄したローマ帝国。その滅亡の原因のひとつが鉛《なまり》だったのではないかとする説があります。鉛は柔らかく加工しやすい金属で、ローマ帝国では非常に役立つ資源として広く利用されていました。

たとえば、酢酸が生成してしまいすっぱくなったワインを、鉛製の鍋で煮込んで甘みを出していました。この過程ではワイン中の酢酸と鉛が反応して、酢酸鉛という化合物が生成します。この酢酸鉛は色がなくて甘味を有しており鉛糖《えんとう》とも呼ばれる水溶性化合物です。さらに、ワインを飲む杯も鉛製だったため、鉛を摂取することは避けられませんでした。このように日々の生活を通じて鉛が体内に蓄積していった様子は、容易に想像できます。

鉛を大量に摂取すると、中毒症状として麻痺や精神障害があらわれます。このように、ローマの人々は鉛を多量に摂取していたため、なんらかの症状が出ていたとしても不思議ではありません。それがローマ帝国滅亡の一因となったのではないかと考えられているのです。

当時はこのように、鉛の毒性が知られていませんでした。しかし、現代ではその知識が広まり、日常生活で有害なほどの鉛を摂取することはありません。

第2章

触ったり刺激したりすると痛い目を見る生き物の毒

生き物が持つ毒の進化の理由や危険性、出会った際の注意点や対応策を詳しく紹介します。

POISON

-01-

毒を持つにはわけがある生き物たちの毒による生存戦略

毒は生きのびるための武器

地球上に生命が誕生して以来、多くの生物種が誕生しました。しかし、そのすべてが現在まで生きのびたわけではありません。進化の歴史のなかで、環境に適応できるものだけが生き残り、適応できないものは滅びていきました。これを「適者生存」といいます。

生き物が持つ毒は、そうした生き残りのための生存戦略の一環と考えられます。人間が脳を発達させ、知性を武器に文明を築くことによって生き残ってきたように、一部の生き物は毒を有するに至ったことが生き残りのための武器となったのでしょう。

では、彼らは具体的に**どんな用途・目的で毒を使っているのでしょう。これには大きく「攻撃（捕食）」と「防御」の2種類があります**。たとえばクモやサソリ、ヘビの毒は獲物を弱らせるための毒です。また、上位の捕食者への反撃にも用います。このように攻撃のために毒を使用する生き物の多くは、針やキバなど特殊な器官を持っています。

一方でフグやカエルの毒は、主に身を守るための毒です。仮に**みずからが食べられたとしても、捕食側の種がそれを学習すれば仲間や子孫は捕食をまぬがれる**ことができます。つまり、個体が犠牲になっても種が存続すれば、それは進化のうえでは勝者なのです。

生き物が毒を持つ2つの理由

攻撃（捕食）のため

獲物を殺したり弱らせたりするための毒。キバやツメなどを使って、相手の体内に毒を注入する。

防御のため

捕食者から身を守るための毒。体内や体の表面に毒を持つことで、捕食をまぬがれる。

フグの毒は食物連鎖で蓄積したもの

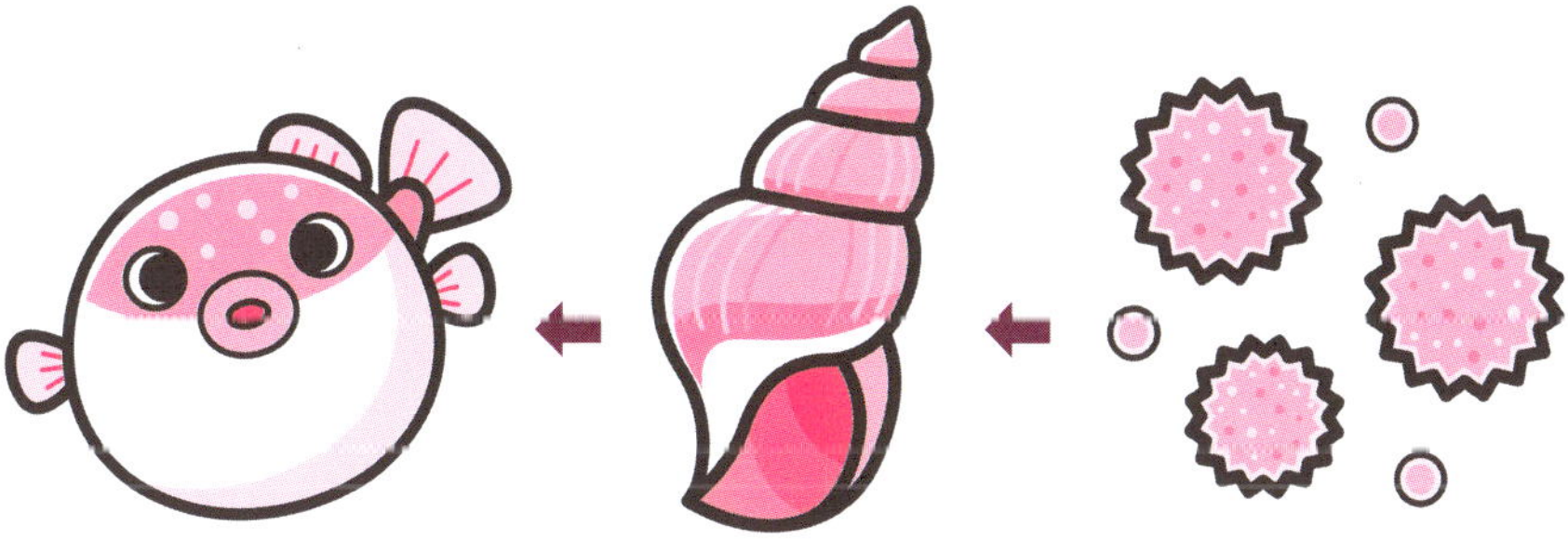

フグ など　←　巻き貝、エビ、カニ など　←　毒を産生する海洋微生物

フグ毒（テトロドトキシン）は体内でつくられたものではない。海中の微生物が産生し、その微生物を取り込んだ巻き貝などをさらにフグが食べることで体内に蓄積される。

POISON

-02-

2回刺されると死ぬ……？［ハチの毒］

ハチ毒アレルギーのある人は超危険

身の回りにいる危険な生き物の代表格ともいえるのが、スズメバチの仲間です。見るからに凶悪そうな面構えに、見た目に負けない激しい攻撃性。さらに恐ろしいのが、刺されると命の危険もあるという毒針攻撃です。

1匹あたりの毒性はそれほど強くないものの、スズメバチの毒の怖いところは2回目以降に刺されると、**アナフィラキシーショックを引き起こす場合がある**こと。アナフィラキシーショックはアレルギー症状のひとつで、ハチ毒にアレルギーがあると、呼吸困難や意識障害などを起こして命にかかわることもあります。スズメバチに刺されたら、アレルギー反応を抑える抗ヒスタミン軟膏などを塗って、急いで病院で治療を受けましょう。

スズメバチが攻撃的になるのは夏から秋にかけての7～11月ごろ。この時期は子育てのシーズンにあたります。黒い色、香料のにおい、動くものに敏感に反応するので要注意です。スズメバチの巣に近づくとあごをカチカチと鳴らして威《い》嚇《かく》します。これは危険信号ですので、静かに離れて巣から20m以上の距離をとるように。

ただし、スズメバチは理由もなく針を突き立てるわけではありません。巣に近づくものを威嚇するのが目的なので、活動期にはできるだけ巣に近づかないようにするのが無難です。

スズメバチの特徴

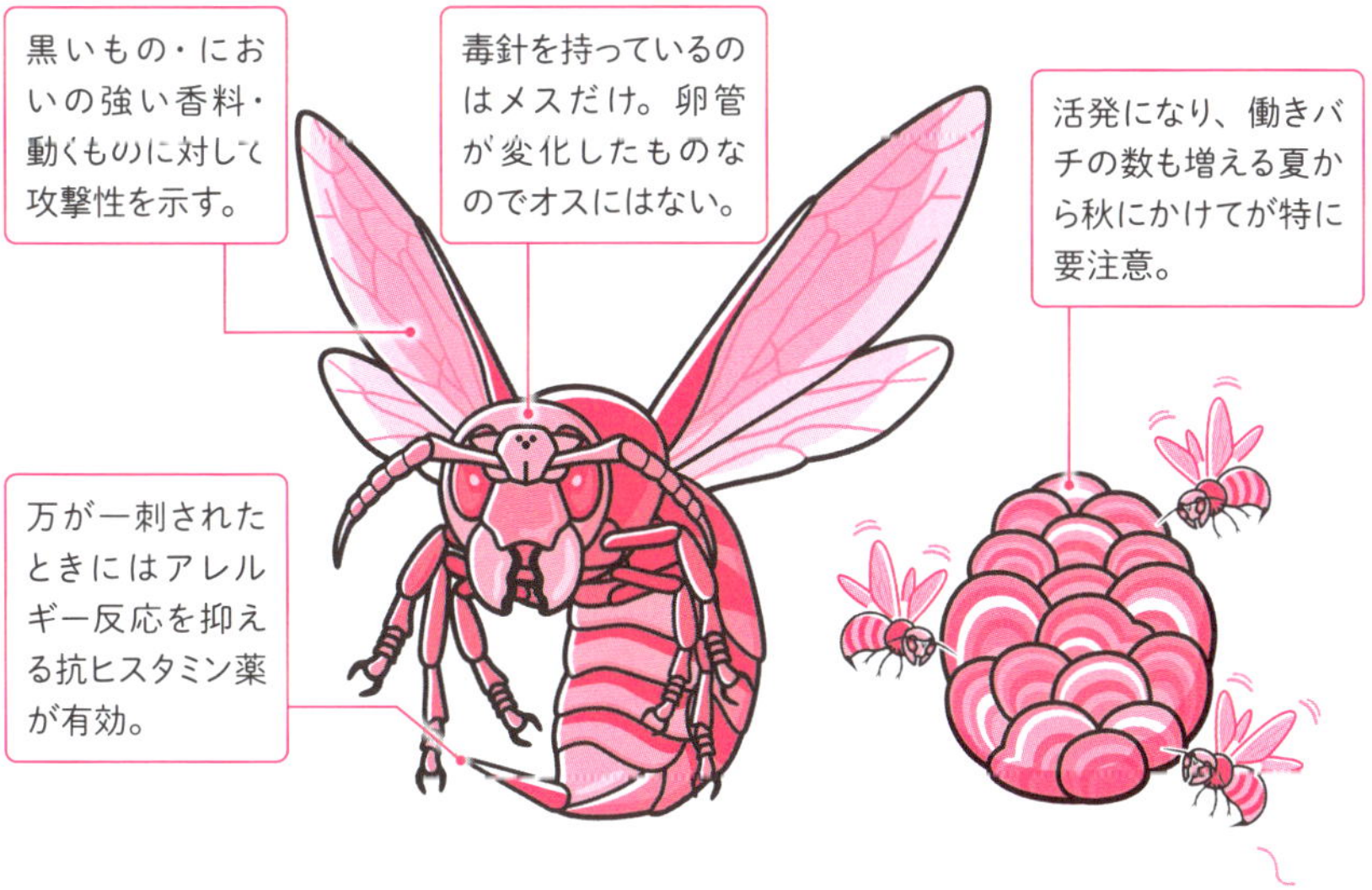
黒いもの・においの強い香料・動くものに対して攻撃性を示す。
毒針を持っているのはメスだけ。卵管が変化したものなのでオスにはない。
活発になり、働きバチの数も増える夏から秋にかけてが特に要注意。
万が一刺されたときにはアレルギー反応を抑える抗ヒスタミン薬が有効。

ミツバチとスズメバチの針の違い

ミツバチ

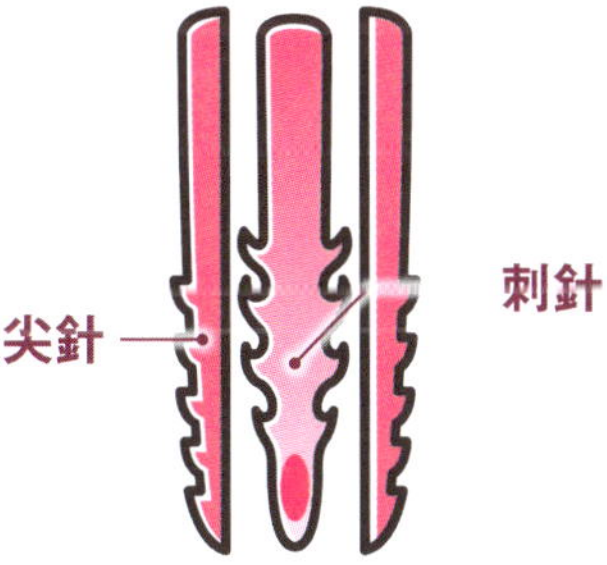
尖針
刺針

針にカエシがついているため、相手を刺すと毒嚢《どくのう》や内臓の一部が針ごと胴体から抜けて死んでしまう。

尖針を前後に動かしながら相手の皮膚の奥まで突き通し、刺針で毒を送り込む。

スズメバチ

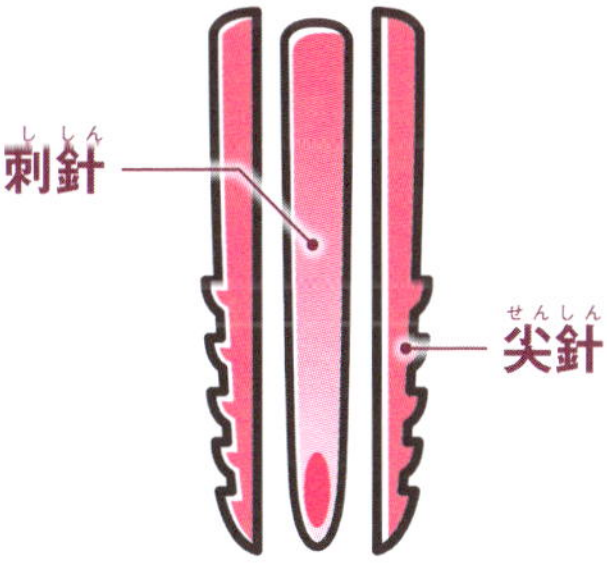
刺針《ししん》
尖針《せんしん》

針にカエシがついていないので、何度も繰り返し相手を刺すことができる。

POISON

-03-

超貴重！売れば大金となる可能性もあり!?［サソリの毒］

ひそかに忍び寄る「死のストーカー」

サソリはクモの仲間ですが、クモにはない2本のハサミと特徴的な尻尾を持っています。また、長い尻尾の先端には、獲物や敵に毒を注入するための毒針がついています。尾を立て、毒針をこちらに向けて威嚇する様は実に恐ろしく、ガラス越しに見ても思わず腰が引けてしまうほどです。

　オブトサソリはそんなサソリのなかでも特に強力な毒を持っており、生息地域の北アフリカから中東にかけての砂漠地帯で人々に恐れられています。性格は極めて攻撃的。刺されるとのどが硬直して話せなくなり、やがて呼吸困難や筋肉のけいれんを引き起こします。

　1回で注入する毒の量が少ないこともあり、大人が命を落とすことはまれでしょう。しかしながら、子どもでは60%が死に至るとされています。**ひそかに忍び寄り死をもたらすことから、英名で「デスストーカー（死のストーカー）」と呼ばれている**のも納得です。

　サソリの毒にはさまざまな成分が含まれており、なかには鎮痛作用や抗菌作用を持つものもあります。そうした効能に着目し、将来的に医療目的で用いるための研究が進んでいます。特に、**オブトサソリの毒にしか含まれていないクロロトキシンは、脳腫瘍の治療に有効ではないかと考えられています。**

オブトサソリの特徴

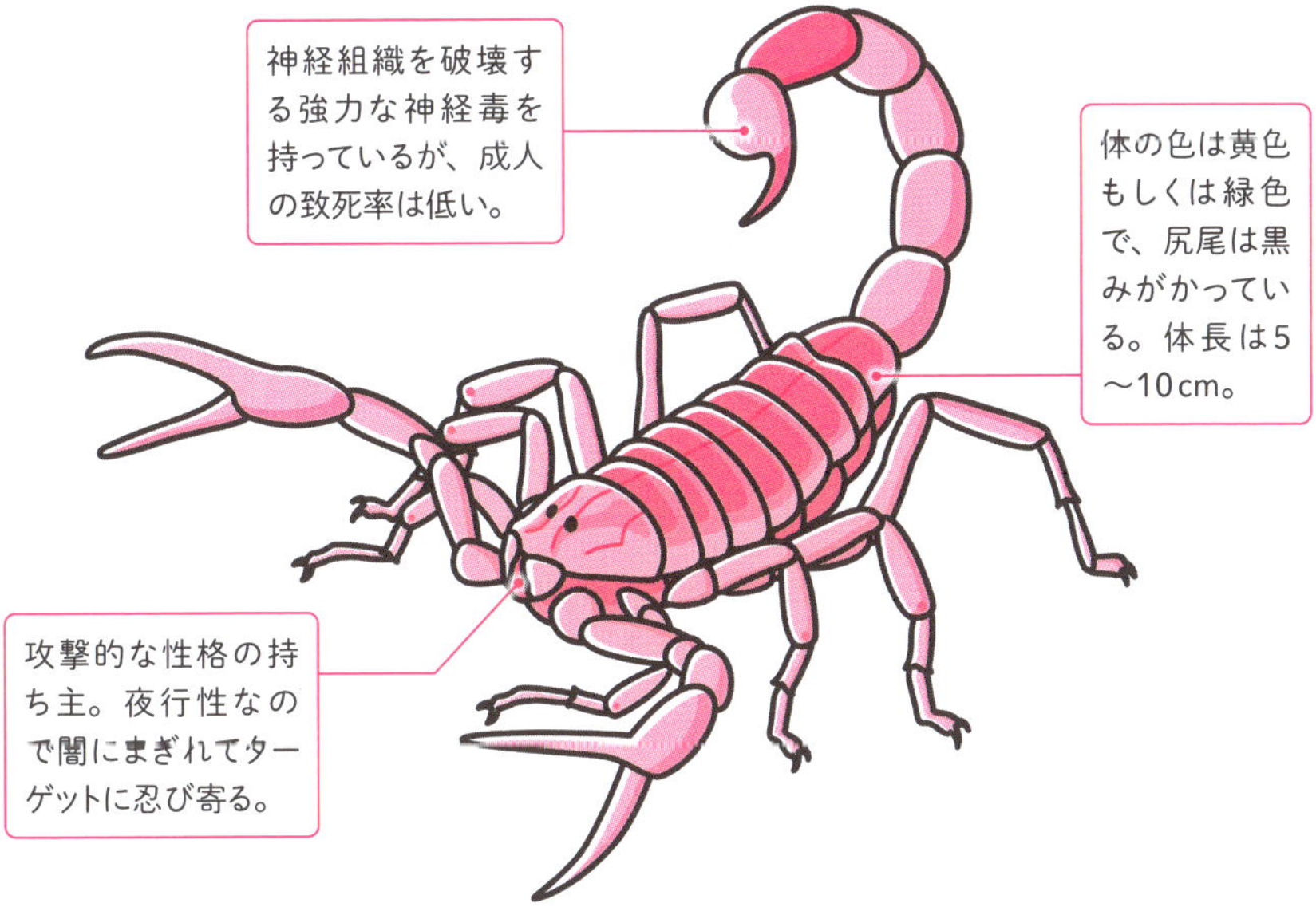
神経組織を破壊する強力な神経毒を持っているが、成人の致死率は低い。
体の色は黄色もしくは緑色で、尻尾は黒みがかっている。体長は5〜10cm。
攻撃的な性格の持ち主。夜行性なので闇にまぎれてターゲットに忍び寄る。

毒は医療応用の見込みのあるため非常に高価

40億円（2020年現在）

3.8 L（1米ガロン）

オブトサソリが1回に出す毒の量は2mg。貴重なうえに採取に手間と時間がかかるため、高額で取り引きされ、世界一高価な液体といわれている。

POISON

-04-

タランチュラの毒は強くない、でも噛まれると超痛い［クモの毒］

1匹で80人の命をうばう猛毒の持ち主

毒グモというとタランチュラを思い浮かべる人が多いのではないでしょうか。毛に覆われた体と太い脚は、見るからに恐ろしげで攻撃性も高そうです。ところが**タランチュラの毒は、人間を死に至らしめるほど強くはないのです。**噛まれればかなり痛いものの、その毒性はというと一般的なハチ毒よりも弱いくらい。したがってタランチュラは毒を獲物を殺すためではなく、弱らせるために用います。

その一方で、クモのなかには実際に強力な毒を持つ種類もいます。**ブラジルドクシボグモ（クロドクシボグモ）をご存じでしょうか。ギネスブックにも「世界一強力な毒グモ」として認定された、まさに最強の毒グモです。**

日本でクモというと軒下や木々の間に巣をつくるものと考えがちですが、ブラジルドクシボグモは巣をつくらない徘徊性のクモ。屋内にもかまわず侵入してきます。その毒性は極めて強く、1匹が持つわずかな毒で80人以上の人間を殺すことができるほどです。また、噛まれると25分以内に死に至るといわれています。

ただし、この種が分布するブラジルやアルゼンチンなどの南米地域にはすでに血清があるため、現在、死亡事故はほとんど起きていないそうです。とはいえ、恐ろしい存在であることに違いはありませんが。

世界一強力な毒グモ

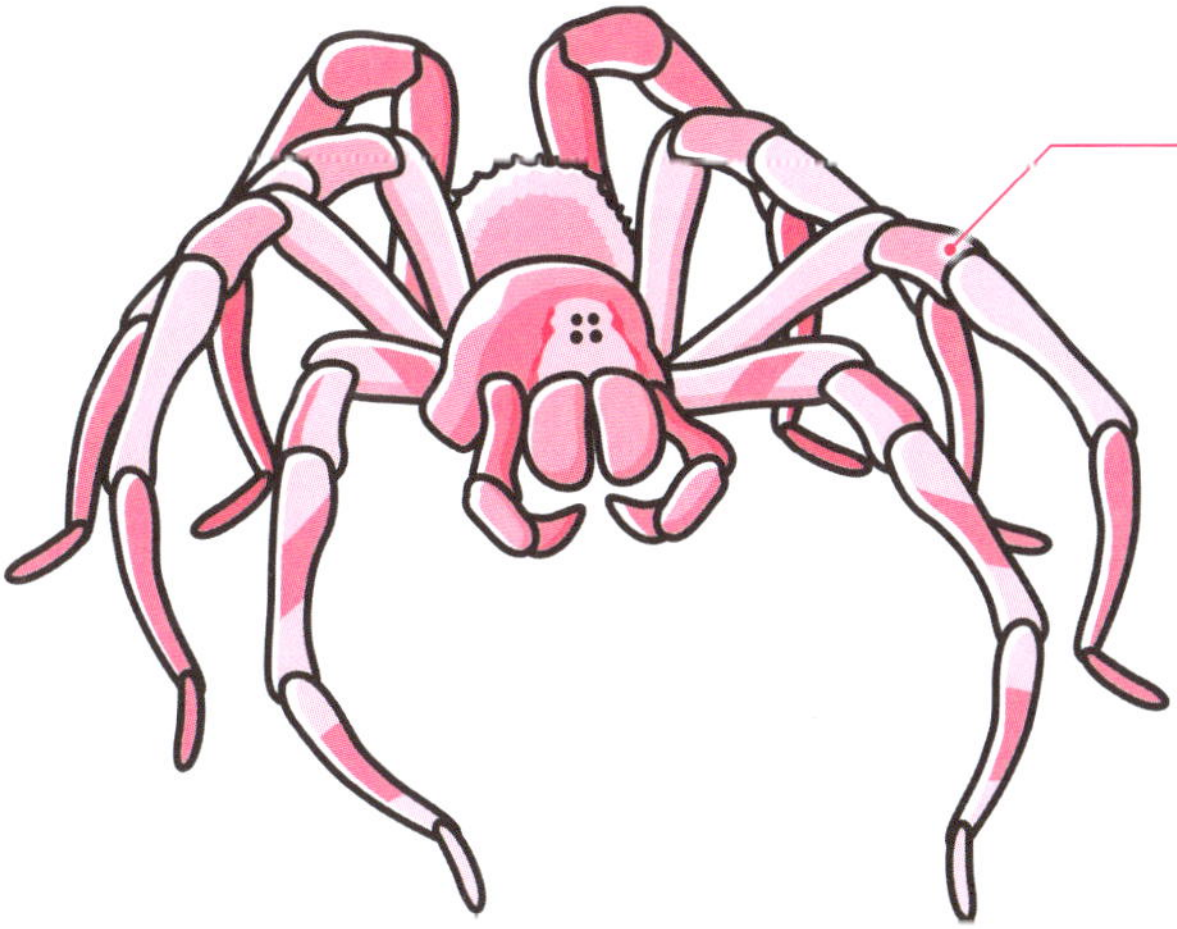

ブラジルドクシボグモ

体長は5～8cm。体色は黒で口元だけ赤い。南米の熱帯雨林に生息している。

住まいに侵入するほか、バナナの果実に潜んでいることもある。噛まれると命にかかわることがあるが、生息地域の南米では血清があるので最悪のケースに至ることは少ない。

タランチュラに噛まれたら踊ればいい!?

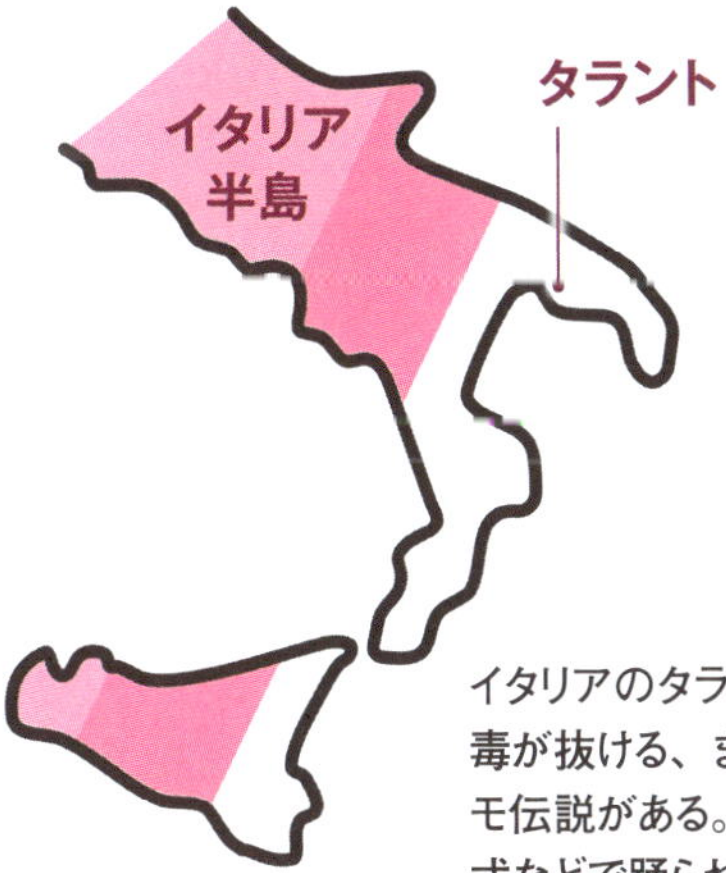

タランテラ

南イタリアの都市タラントが発祥とされる舞曲。テンポの速さと激しい踊りが特徴。

イタリアのタラント近辺に、毒グモに噛まれたときは激しく踊れば毒が抜ける、または、毒の苦しさゆえに踊り狂って死ぬという毒グモ伝説がある。タランテラはこれにちなんだ舞曲で、現在も結婚式などで踊られる。タランチュラの名前の由来もこの伝説から。

POISON
-05-

“出血毒”と“神経毒”の2タイプある［ヘビの毒］

日本の毒ヘビは出血毒の持ち主が主

毒にはさまざまな種類があります。そのうち**ヘビの持つ毒は、大きく「出血毒（血液毒）」と「神経毒」の2つのタイプに分かれます。**出血毒には赤血球を破壊して貧血状態に陥らせたり、出血を止めるための血液凝固を阻害したりする働きがあります。貧血が進むと全身が酸素不足に陥って死んでしまいますし、出血が続けば失血死してしまいます。

もうひとつの神経毒は神経に作用するタイプの毒。体のしびれや筋肉の麻痺、呼吸困難といった症状が急速に起きるのが特徴です。生物毒の代表ともいえるフグの持つテトロドトキシンも神経毒の一種です。

毒を持つヘビのうち、クサリヘビ科は主に出血毒、コブラ科は神経毒を持っています。日本の陸地に生息する毒ヘビ3種中、マムシとハブはクサリヘビ科で、ヤマカガシはナミヘビ科に属します。ナミヘビ科に属するヘビはほとんどが無毒ですが、ヤマカガシは毒ヘビなので注意が必要です。ちなみに、南西諸島近辺に生息するエラブウミヘビはコブラ科に属し、神経毒を持っています。

毒ヘビに噛まれた場合には血清療法が有効で、国内の死亡例は大幅に減っています。ただし、ヤマカガシの場合は咬傷の例数が少ないこともあり、全国でも保管施設は限られています。

日本「三大毒ヘビ」に注意！

毒の強さランキング

1位 ヤマカガシ
2位 マムシ
3位 ハブ

ヤマカガシの毒の強さはマムシの約3倍、ハブの約10倍。逆に性格的にはヤマカガシがいちばんおとなしく、ハブはかなり攻撃的。

①ヤマカガシ

本州から九州にかけて生息。奥歯の根元と首のつけ根の2カ所に毒を持つ。猛毒の持ち主だが、とても臆病なため、刺激しなければ噛まれることもない。

②マムシ

全国に分布。おとなしい性格だが、噛まれると腫れたり皮下出血を起こす。また、重症では腎不全を起こすことも。太く短い胴と背中の銭形の斑紋が特徴。

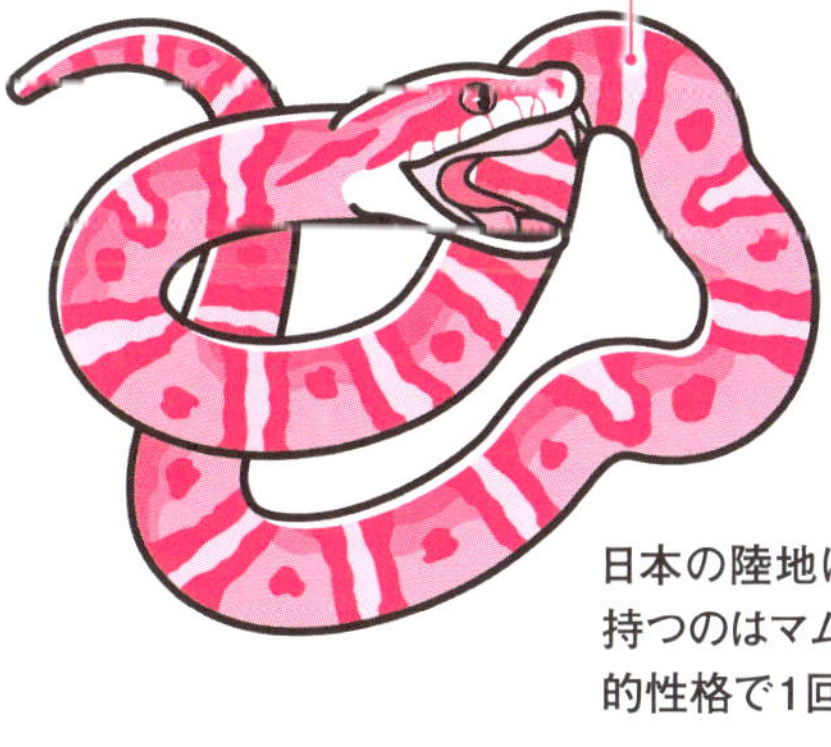

③ハブ

沖縄と奄美諸島に生息する日本最大の毒ヘビ。夜行性で性格は超攻撃的。噛まれると血管や筋肉の組織が破壊され、筋肉壊死を起こす場合もある。

日本の陸地に分布する代表的な8種のヘビのうち、毒を持つのはマムシ・ハブ・ヤマカガシの3種。なかでも、攻撃的性格で1回に注入する毒の量が多いハブが最も危険。

ド派手な体色で「危ない」をアピール「カエルの毒」

皮膚から出る毒が吹き矢にも使われた

ヤドクガエルの仲間は有毒種として知られていますが、なかでも特に危険とされているのがモウドクフキヤガエルです。これらの名前は、生息域である中南米の先住民が毒矢に使用していたことが由来となっています。

　モウドクフキヤガエルが皮膚から出す毒成分は「バトラコトキシン」といい、脊椎動物が持つ毒としては最強とされています。具体的には1匹が持つ毒の量で大人10人を死に至らしめられるほど。ヤドクガエル科のカエルは小型種ですが、だからといって油断して手を伸ばそうものなら大変なことになってしまいます。

　ヤドクガエル科のもうひとつの特徴として、**見た目に鮮やかな、派手な色彩を持つ点が挙げられます。これは「警告色（警戒色）」と呼ばれるもの**で、毒を持った生き物が捕食者に対し、「自分を食べると痛い目にあうぞ」とアピールする意味があります。

　興味深いのは、モウドクフキヤガエルの毒は自分の体のなかで合成したものではないこと。まだ正確なところはわかっていませんが、エサとしている昆虫などから取り込んだ毒物を、体内に蓄積しているのではないかと考えられています。そのため、長期間飼育することで毒性が弱まったり、場合によっては毒性を失うこともあります。

最強の毒の持ち主 モウドクフキヤガエル

カエルのなかでも小型種だが、皮膚から大人10人を殺せるほどの毒を出す。

名前は、原住民がその毒を吹き矢に塗って獲物を捕らえるのに用いたことに由来する。

ペットとして飼育すると毒がなくなる!?

モウドクフキヤガエルの毒は、エサとする昆虫などから取り込まれていると考えられている。したがって、毒を持たないエサで育てられる飼育下では毒性が失われる。

POISON

-07-

青い斑点は危険のサイン［タコの毒］

擬態に気づかず踏んでしまうと一大事

　タコといえばスミを吐くイメージがありますが、多くの種類が毒も持っています。その代表といえるのがヒョウモンダコ。日本では相模湾以南の海域に生息しています。ヒョウモンダコは体長10㎝ほど。見た目は小さくてかわいいタコです。それが脅威となるのは、**フグと同じテトロドトキシンという猛毒を持っている**ためです。獲物を捕食する際、カラストンビ（タコやイカの持つ硬いくちばし部分）で噛みつくと、毒入りの唾液を流し込んで相手を麻痺させます。

　タコはもともと擬態が上手な生き物ですが、ヒョウモンダコも普段は岩や海藻に擬態して周囲の環境に溶け込んでいます。それが**敵に襲われたり、なんらかの刺激を受けたりすると、名前の由来ともなっているヒョウ紋を青く光らせて威嚇する**のです。こうなるとすっかり攻撃モード。噛まれないよう注意しなければなりません。岩などに擬態しているヒョウモンダコに気づかず、何かの拍子に踏んだりしてしまうと大変です。毒が体内に入ると、全身麻痺や呼吸困難を引き起こし、死に至ることさえあります。

　猛毒を持つ半面、ヒョウモンダコはスミを吐くことができません。おそらく誰もが恐れる毒という武器を持っているため、わざわざ逃げるためにスミを吐く必要がなくなったということかもしれませんね。

フグと同じ毒を持つヒョウモンダコ

擬態のプロ

普段は岩や海藻に擬態しているため、気づかずに素足で踏んでしまったら大変。

スミは吐けない

毒を武器にしていることもあってか、墨袋が退化してスミを吐くことができない。

唾液に毒成分を含む

唾液のなかに、フグ毒としても知られる強力な神経毒テトロドトキシンを持っている。

ヒョウ紋を青く光らせ威嚇する

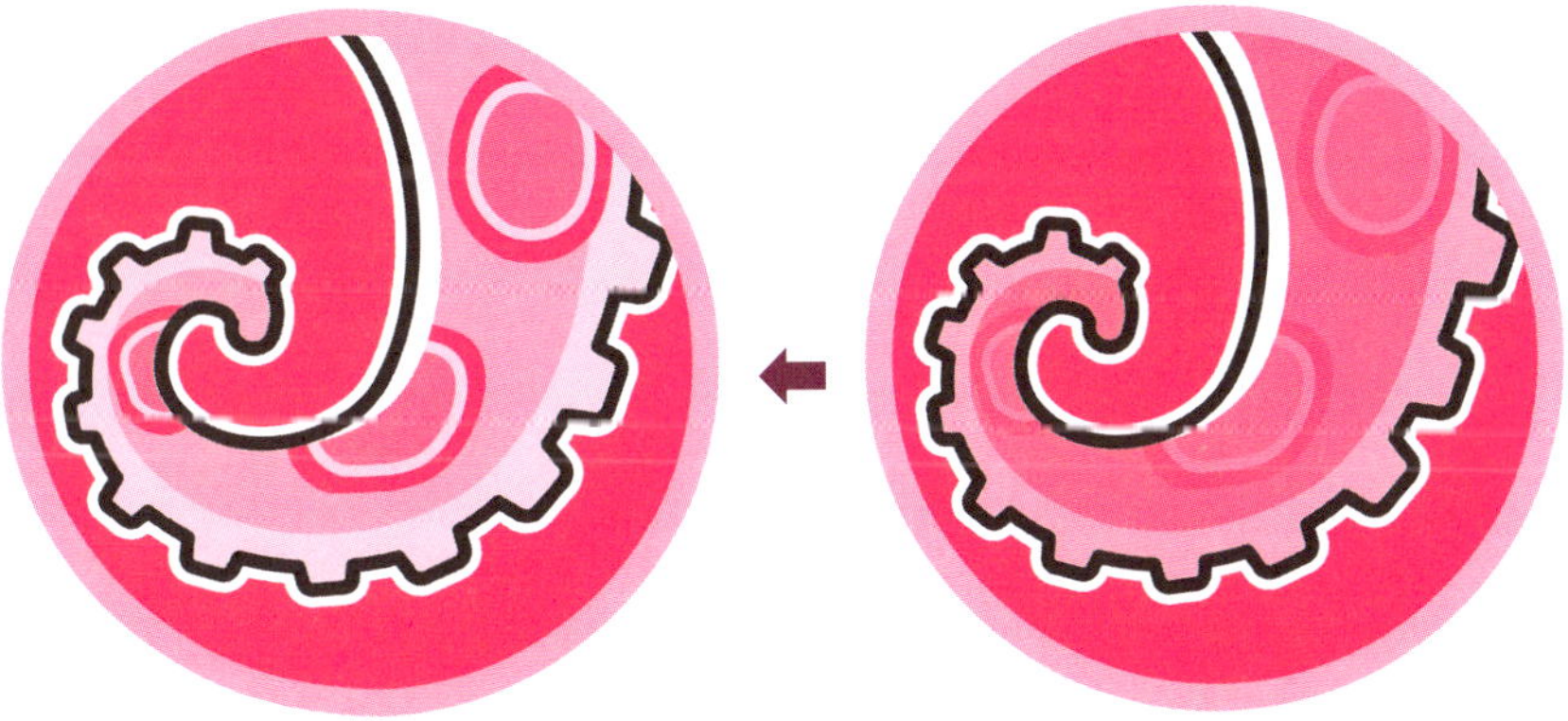

刺激を受けると、ヒョウ紋（豹紋）を青く発光させて攻撃モードに入るのがヒョウモンダコの特徴。この光るヒョウ紋は、防御タイプの有毒動物によく見られる警告色の一種。

POISON
-08-

刺されたらお酢をかけるといいってホント？［クラゲの毒］

触手で獲物をからめとり毒を注入

クラゲは分類上、刺胞動物門に属します。刺胞というのは毒針を備えたカプセル状の器官で、触手にこの刺胞を持つ動物が刺胞動物です。そんなクラゲのなかでも特に猛毒の持ち主として知られるのがカツオノエボシ。**刺されると電気ショックを受けたような痛みが走ることから、「電気クラゲ」の異名もあります。**

カツオノエボシの最大の特徴は平均10m、最大で30mを超える触手です。獲物を捕まえるときはこの触手で相手をからめとり、刺胞から毒針を発射して動けなくさせます。クラゲというと水中を泳いだりゆっくり移動したりするイメージがありますが、浮き袋を持つカツオノエボシは潜水ができず、ぷかぷかと水面をただようだけ。ただし、危険を感じると浮き袋をしぼませて一時的に海中に身を沈めることもできます。

分布域は温帯・熱帯地域の温かい海。通常は沖合にいますが、風に流され、黒潮に乗って沿岸までやってくることもあります。海水浴中に遭遇することもあるので、安易に触らないよう注意しましょう。また、浜に打ち上げられた乾燥した死体であっても、湿気によって刺胞が活性化することがあるので油断できません。

もし**刺された場合は、海水で触手や刺胞を洗い流す**ようにします。**真水や酢は、刺胞を刺激して毒を発射させてしまう**ので避けましょう。

砂浜にもいるカツオノエボシ

漂流生活

自分で能動的に動くことはなく、風や海流に身を任せるかたちで移動する。

毒性

刺胞には強力な神経毒があり、人間が触れると激し痛みを伴う。心肺停止になることも！

浮き袋

青やピンク、紫などの半透明の浮き袋があるのが特徴的。浮き袋の長さは10㎝ほど。

触手

触手には刺胞と呼ばれる毒針がある。触手はクラゲのなかでも最長クラスの最大30mにもなる。

クラゲの毒性ランキング

1位 キロネックス

地球最強レベルに危険な毒を持ち、「殺人クラゲ」の異名あり。なかにはわずか3分で死亡したケースも。

2位 イルカンジクラゲ

1 om 弱の小さな体に強力な毒を持ち、コブラの100倍以上の毒性との説も。

3位 カツオノエボシ

刺されると激痛が走り、アナフィラキシーショックで死に至る場合も。

4位 キタユウレイクラゲ

世界最大のクラゲで、刺されると凄まじい痛みに襲われ、死に至る場合も。

5位 ハブクラゲ

毒ヘビの「ハブ」が名前の由来。刺されると激痛やショック症状などを引き起こす。

海でクラゲに刺された場合、触手を取り除くときは素手では触らないこと。また、刺された際は淡水で洗うと毒を放出する恐れがあるので、必ず海水で洗い流すこと。

POISON

-09-

毒針に注意！刺されるとすごく腫れる「イソギンチャクの毒」

地味な見た目の最凶生物

イソギンチャクもクラゲと同じ刺胞動物の仲間で、そのうち最も強力な毒を持つとされるのがウンバチイソギンチャクです。体の表面は1～2㎜の刺胞球に覆われ、これを発射することで獲物に毒を打ち込みます。名前の**「ウンバチ」は「海の蜂」が由来。**刺されたときに激痛が走ることからの連想です。

大きさは直径10～20㎝ほどで、普段は岩やサンゴなどに付着しています。ところが**擬態の名人でもあり、岩そのものや、あるいは岩にまとわりついた海藻と一見して見分けがつきません。**そのため海水浴やシュノーケリングの際に、気づかず触れたり踏んだりしてしまうことがあります。そうなったら一大事です。

毒針に刺されると激痛が走り、火傷のような患部の腫れに苦しむことになります。死に至ることはまずありませんが、毒性が極めて強いため、重症のケースでは患部が壊死したり呼吸困難に陥ったりすることもあります。

万が一、**ウンバチイソギンチャクに刺されたときの応急処置はカツオノエボシと同様。海水で刺胞を洗い流して、速やかに病院で治療を受けましょう。**このとき真水や酢が厳禁なのも、カツオノエボシに刺されたときと同じです。未発射の刺胞をできるだけ刺激しないようにすることが肝心なのです。

擬態の名人 ウンバチイソギンチャク

ウンバチ=海の蜂

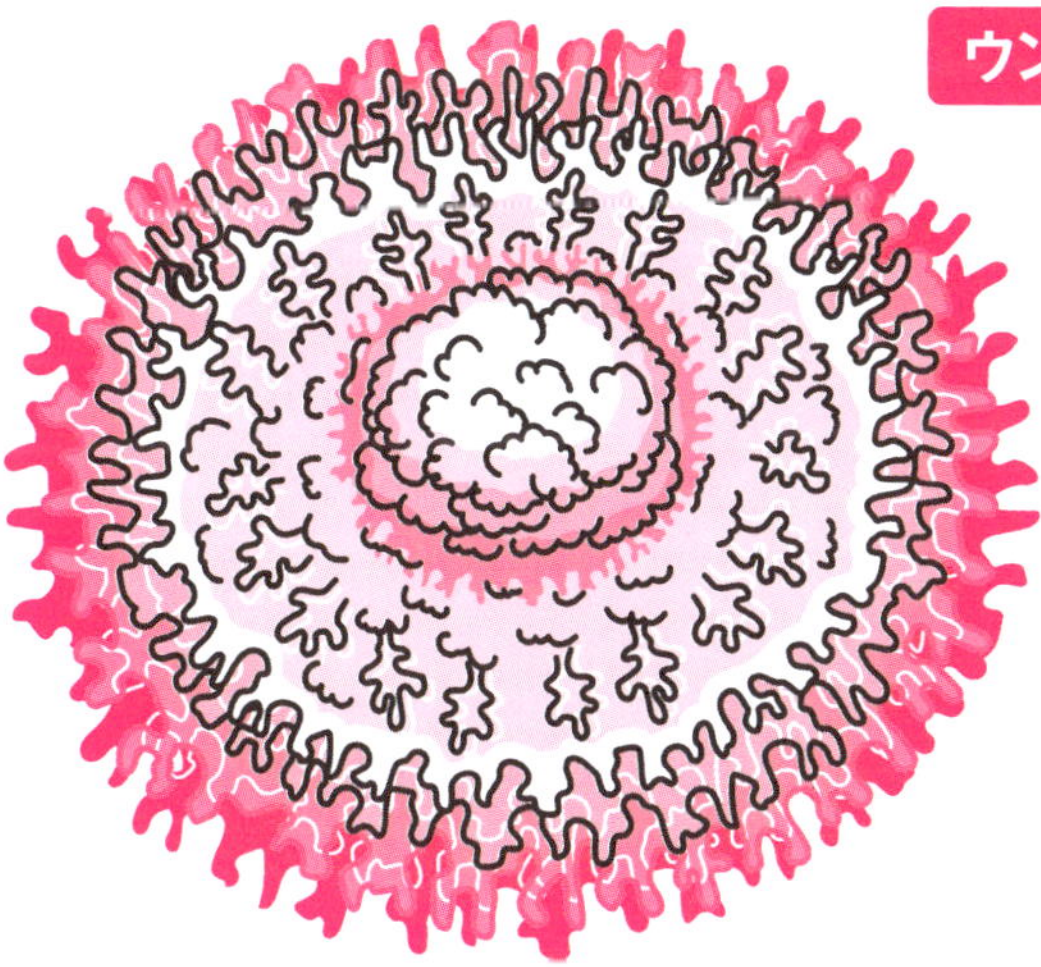

岩や海藻に擬態しているため、
つい触って刺されてしまう。

刺されたら患部を海水で洗う

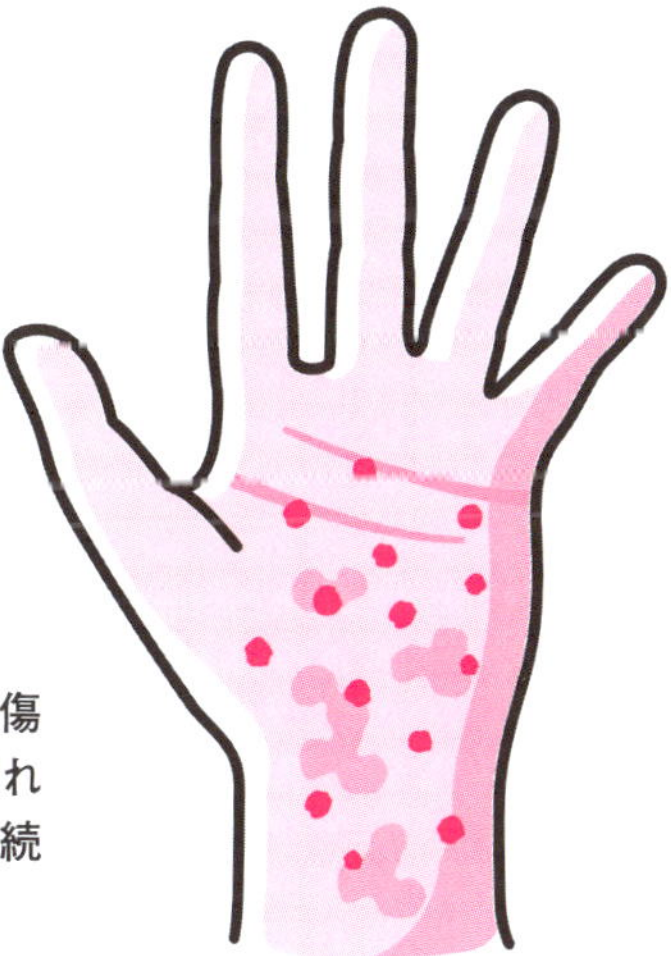

刺された傷は火傷のようになり、腫れやかゆみが数カ月続くことも。

海水 ○

真水・酢 ×

患部を真水や酢で洗うと、刺胞を刺激するので危険。海水で洗い流すようにする。

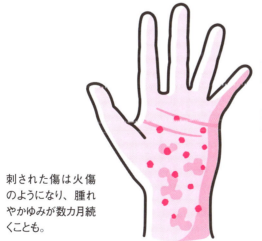

POISON

-10-

糖尿病の薬の元にもなった［トカゲの毒］

毒にも薬にもなる不思議な唾液

トカゲは、は虫類でも特に種類が多く、5000種以上を数えるともいわれています。そのうち**有毒種は、神経毒を持つドクトカゲ科のアメリカドクトカゲとメキシコドクトカゲ、出血毒を持つオオトカゲ科のコモドオオトカゲの3種**。ここでは、医療の分野に貢献しているアメリカドクトカゲに注目してみたいと思います。

アメリカドクトカゲの生息地はアメリカやメキシコ北西部の砂漠地帯。派手な模様にずんぐりした体が特徴で、非常に臆病な性格でもあります。それは、ほかの動物が近づくと岩のすき間などに逃げ込んで通りすぎるのを待つほど。

また、日中はほとんど岩のすき間や地中で寝ていて、日没をむかえるころに活動します。活発なのは短時間で、一生のほとんどを地中で過ごすともいわれています。

さて、そんなアメリカドクトカゲが医療の分野に貢献しているというのはどういうことでしょう。実はこの種のトカゲの**唾液に含まれる「エキセンディン-4」という毒の成分が、糖尿病の治療薬となる作用を持っている**ことがわかったのです。アメリカドクトカゲは、食前と食後で血糖値がほとんど変わりません。つまり唾液に血糖値の上昇を抑える効能があるのです。獲物を捕らえるためのトカゲの毒が、人間の病気の治療に使えるとはちょっと驚きです。

毒はあるけど臆病なアメリカドクトカゲ

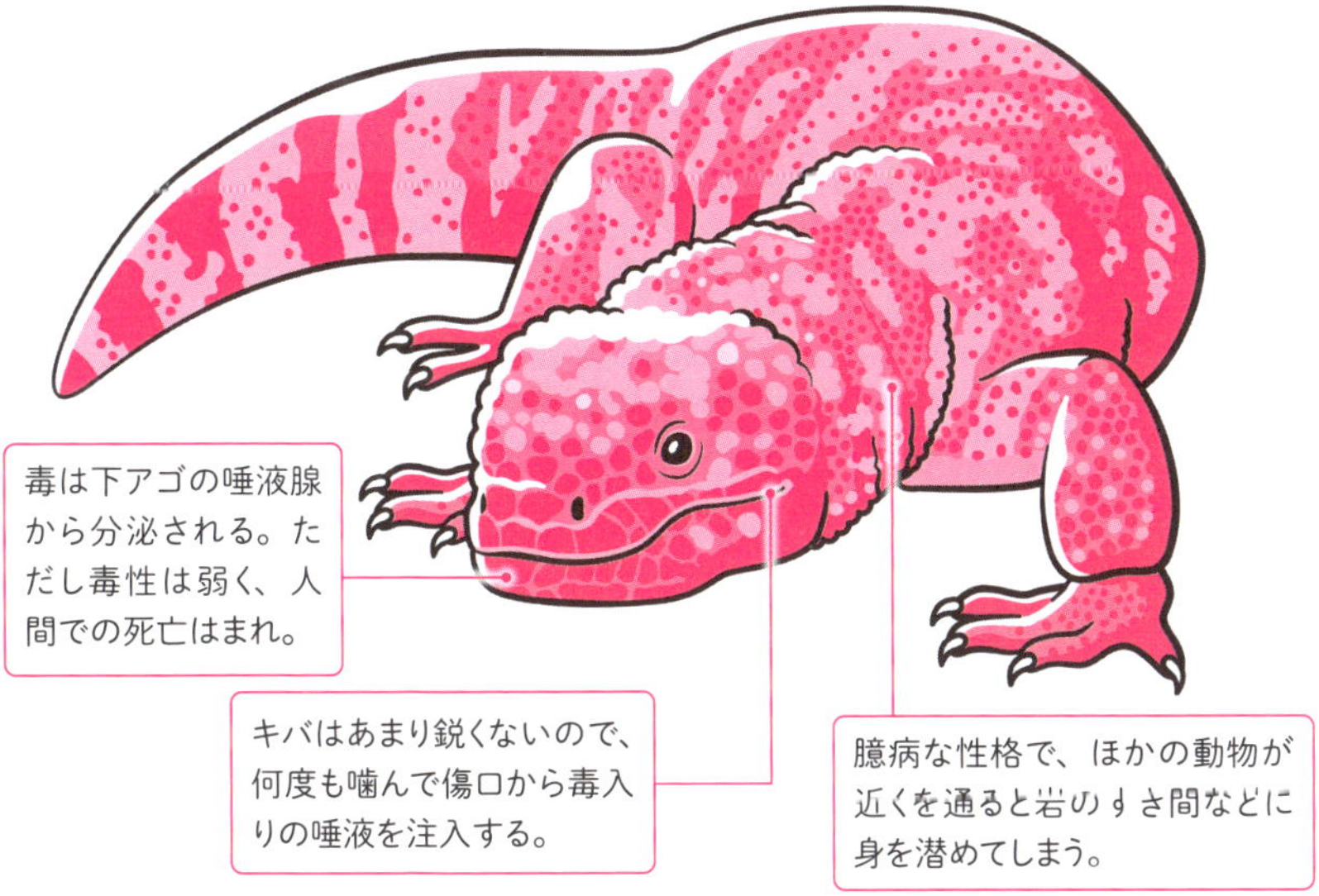
毒は下アゴの唾液腺から分泌される。ただし毒性は弱く、人間での死亡はまれ。
キバはあまり鋭くないので、何度も噛んで傷口から毒入りの唾液を注入する。
臆病な性格で、ほかの動物が近くを通ると岩のすき間などに身を潜めてしまう。

唾液の成分から糖尿病治療薬へ

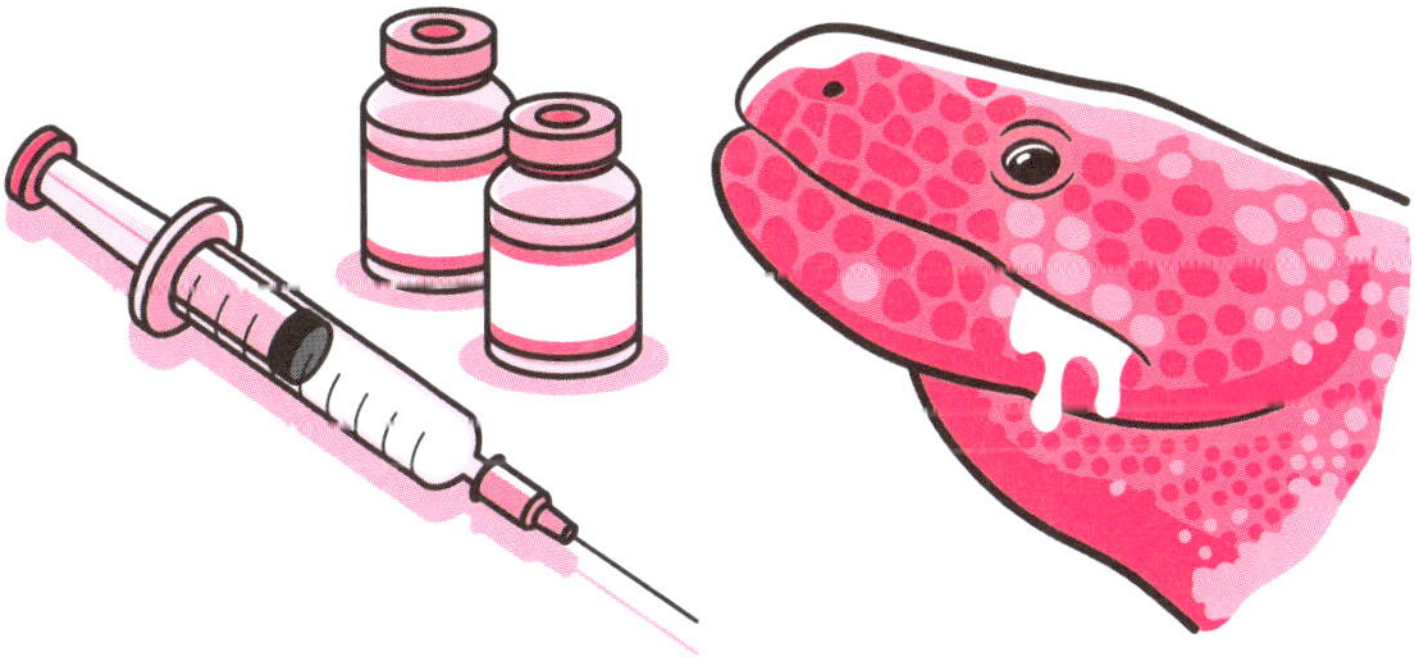

アメリカドクトカゲの唾液には、血糖値を下げる作用のあるエキセンディン - 4という成分が含まれている。実際にこの毒から「エキセナチド」という注射薬も開発され、医療に応用されている。

コラム

-2-

哺乳類では激レアの毒を持つ生き物たち

私たち人間と同じ哺乳類に属する生物にも、実は毒を持つものがいます。

哺乳類でありながら鳥類のような珍しい見た目をしたカモノハシの雄には、うしろ脚に「蹴爪《けづめ》」という突き出た部分があります。この先端を相手に刺し、毒腺から分泌される毒を体内に注ぎ込むのです。この毒液を分泌する蹴爪は雄同士の争いの際に使われます。刺されると激しい痛みを感じますが、人間がその毒で死ぬようなことはないようです。

サルの仲間でゆっくりと動くことが特徴のスローロリスは、脇の「上腕腺《じょうわんせん》」から分泌されるくさい液体を舐めて唾液と混ぜて毒液をつくります。スローロリスは毛づくろいをしながらこの毒を全身に広げ、天敵から身を守ります。そして、この毒の危険性を知らずに人間がスローロリスの毛を撫でると、アナフィラキシーショックを起こすことがあるため、安易に触れるのは危険です。

臭《くさ》いにおいで知られるスカンクも、毒を持つ哺乳類の一種です。お尻の「肛門腺《こうもんせん》」から強烈なにおいの毒液を噴射します。この毒液は、1週間経ってもにおいが取れないほど強力なため、注意が必要です。ただし、においに鈍感な鳥類にはあまり効果がないとされています。

第3章

美しい花には毒がある植物の毒

美しい花に潜む見えない危険。近場でも目にする有毒植物の驚きの実態を明らかにします。

POISON

-01-

間違えると大惨事 有毒植物の誤食による食中毒

ちょっとでも迷ったら食べない

植物には有毒なものも多くあります。厄介なことに、なかには食用の植物と見た目がそっくりなものが存在します。そうなると、よほど知識がない限り、間違って口にしてしまいかねません。実際に有毒植物を誤って食べたことで食中毒を起こしたというケースが、毎年かなりの件数発生しています。

有毒植物の誤食を避ける第一歩として、**図鑑やアプリを見て安易に判断しない**ことが大切です。なんとなく同じに見えても、**どこか違うなと思ったら食べるのは控えましょう。**山菜のなかに、見た目の似た有毒植物がまぎれ込んでいることもありえることです。調理前にもう一度確認し、少しでも違和感があったら食べるのはやめましょう。

家庭菜園で有害な園芸植物を一緒に育てることや、採ってきた山菜のおすそわけも避けたほうが無難です。場合によっては命にかかわり、注意してもしすぎることはないのです。

もし有毒植物を口にしてしまって気分が悪くなったら、すぐに救急車を呼びましょう。その間、できるだけ食べたものを吐き出すように。毒の吸収を減らせるからです。あわせて水分をできるだけ摂ること。ちなみに食べ残しや吐き出したものを取っておくと、あとで毒の特定に役立ちます。

誤食の多い植物一覧

イヌサフラン

園芸植物だが猛毒がある。ギボウシやギョウジャニンニクと間違えて食べると嘔吐、下痢、呼吸困難などが生じ、重症になると死亡するケースも。有毒成分はアルカロイドのコルヒチン。

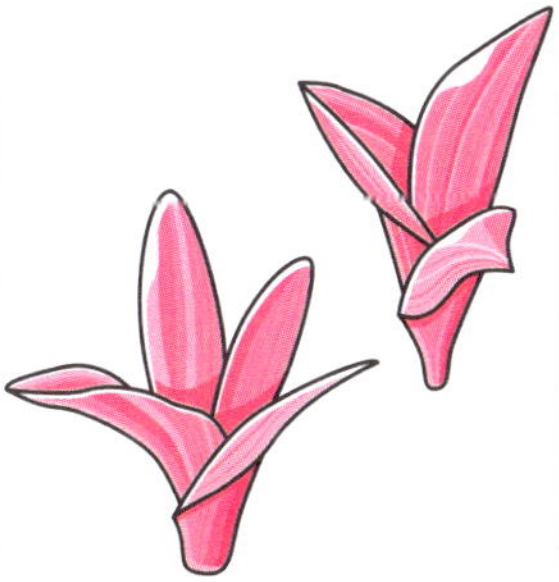

バイケイソウ

高山の湿地帯などに自生。オオバギボウシやギョウジャニンニクと間違えやすい。食後30分～1時間で下痢や吐き気、手足のしびれなどの症状が出る。有毒成分はヴェラトルム系アルカロイド。

有毒植物の誤食の多くは、園芸植物を家庭菜園で一緒に育てたり、山菜採りの際に気づかず一緒に採ってきたりすることが原因で起こる。確実に知っているもの以外は口にしないことが大事。

有毒植物による食中毒発生状況

植物名	間違えやすい食用の植物の例（「自然毒のリスクプロファイル」より）	事故数	患者数	死亡数
スイセン	ニラ、ノビル、タマネギ	74	237	1
ジャガイモ	※光にあたって皮がうすい黄緑～緑色になったイモの表面の部分、芽が出てきたイモの芽及びつけ根部分などは食べない。	15	324	0
チョウセンアサガオ	ゴボウ、オクラ、アシタバ、ゴマ	10	28	0
バイケイソウ	オオバギボウシ、ギョウジャニンニク	22	45	0
クワズイモ	サトイモ	20	52	0
イヌサフラン	ギボウシ、ギョウジャニンニク、タマネギ	22	28	13
トリカブト	ニリンソウ、モミジガサ	9	16	1
その他（スズラン、ヨウシュヤマゴボウ、観賞用ヒョウタンなど）		45	79	2
不明		3	22	0
合計		220	831	17

厚生労働省『過去10年間の有毒植物による食中毒発生状況』（平成26年～令和5年）

POISON

-02-

ミステリー作品の常連「トリカブトの毒」

創作で有名な毒植物

トリカブトの名は、花のかたちが雅楽奏者に使われる冠の「鳥兜」に似ていることに由来します。トリカブトの持つ毒は、小説などのミステリー作品に登場する最もポピュラーな毒物でもあり、その名を聞けばほとんどの人が危険な植物だとピンとくるのではないでしょうか。

　ところが名前は知っていても、その葉をイメージできる人はほとんどいないはず。なんとなく思い浮かぶ人でも気をつけてほしいのが、トリカブトにはそっくりさんが多いこと。秋に咲く紫の花は個性的で間違える人はいませんが、**葉だけ見ると似ている植物がかなりあります**。たとえば**山菜のニリンソウやモミジガサ、漢方薬などに使われるヨモギ、薬草として胃腸薬に使われるゲンノショウコ**などです。

　こうした植物と間違えてトリカブトを口にすると大変です。「アコニチン」という神経毒が体を麻痺させ、腹痛やけいれん、呼吸困難を引き起こして死に至ることもあります。花粉や蜜も含めて草全体に毒があるため、ハチミツを介して中毒を起こす危険もあるとか。

　トリカブトの毒は症状が出るまで10～20分と早く、**解毒剤も存在しないため、誤食したときはなんとか吐き出させるか胃を洗浄するしか対処法はありません**。また、毒は皮膚からも吸収されるため、安易に手に取ることも禁物です。

毒草の代表格 トリカブト

全体に毒がある

どの部位をとっても有毒だが、塊根の乾燥品の毒を減弱したものは烏頭や附子として漢方薬に配合される。

毒矢にも使われた

アイヌ民族は矢にトリカブトの根から採った毒を塗り、ヒグマなどの獲物を狩っていた。

葉っぱの特徴

トリカブトの葉の表面は光沢があり、裏面にうぶ毛はない。これに対し、ヨモギの葉の裏面は白く、うぶ毛がある。

日本「三大有毒植物」は？

ドクゼリ

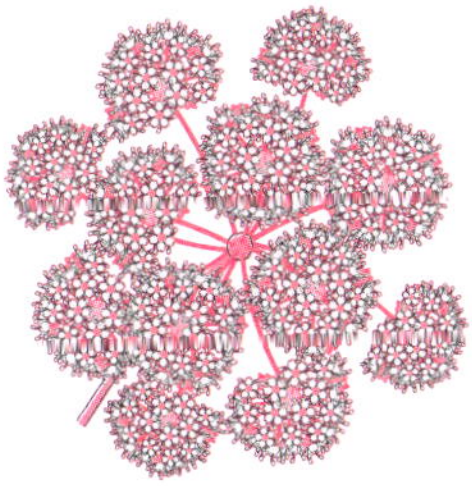

セリより大きいが、セリのような香りはない。毒は皮膚からも吸収される。

ドクウツギ

甘みを持つ美味しそうな赤い実をつけるが、かなりの猛毒を持っている。

トリカブト

日本三大有毒植物

日本三大有毒植物といわれるドクゼリ・ドクウツギ・トリカブトは、いずれも神経毒の成分を持っているため、誤って口にすると命にかかわるので注意が必要。

POISON

-03-

ニラに激似のヤバい葉っぱ［スイセンの毒］

誤食しやすい植物ナンバーワン

秋植えで春に花を咲かせるおなじみのスイセンですが、**食中毒事故が極めて多いことでも知られています。多くの場合、ニラと間違って誤食したことが原因です。**

ニラは食べると滋養強壮や疲労回復の効果があることから、健康によい植物とされています。普段から食卓にのぼることも多いので、誰もが見慣れた野菜といえるでしょう。それがどうしてスイセンと間違えてしまうのか。

スイセンというと、黄色や白色を基調とした美しい花のことを思い浮かべる人が多いかもしれません。実は問題は葉のほうにあって、これがニラの葉とそっくりなのです。

スイセンの葉をよく見ると、中央が少しへこんでいます。一方でニラの葉は平べったく、スイセンに比べると少し幅が狭いという違いがあります。それでも**ニラの葉にスイセンの葉がまぎれ込んでいた場合、なかなか気づくことは難しいでしょう。**

誤食を避けるためには、何よりスイセンとニラを一緒に栽培しないこと。そしてニラを買ったりもらったりしたとき、あやしいと思う葉があったらこすってみることです。**ニラの葉や、やはりスイセンと間違いやすいノビルの葉は、こすると独特のにおいがします。**迷ったら、ぜひ試してみてください。

スイセンの見分け方

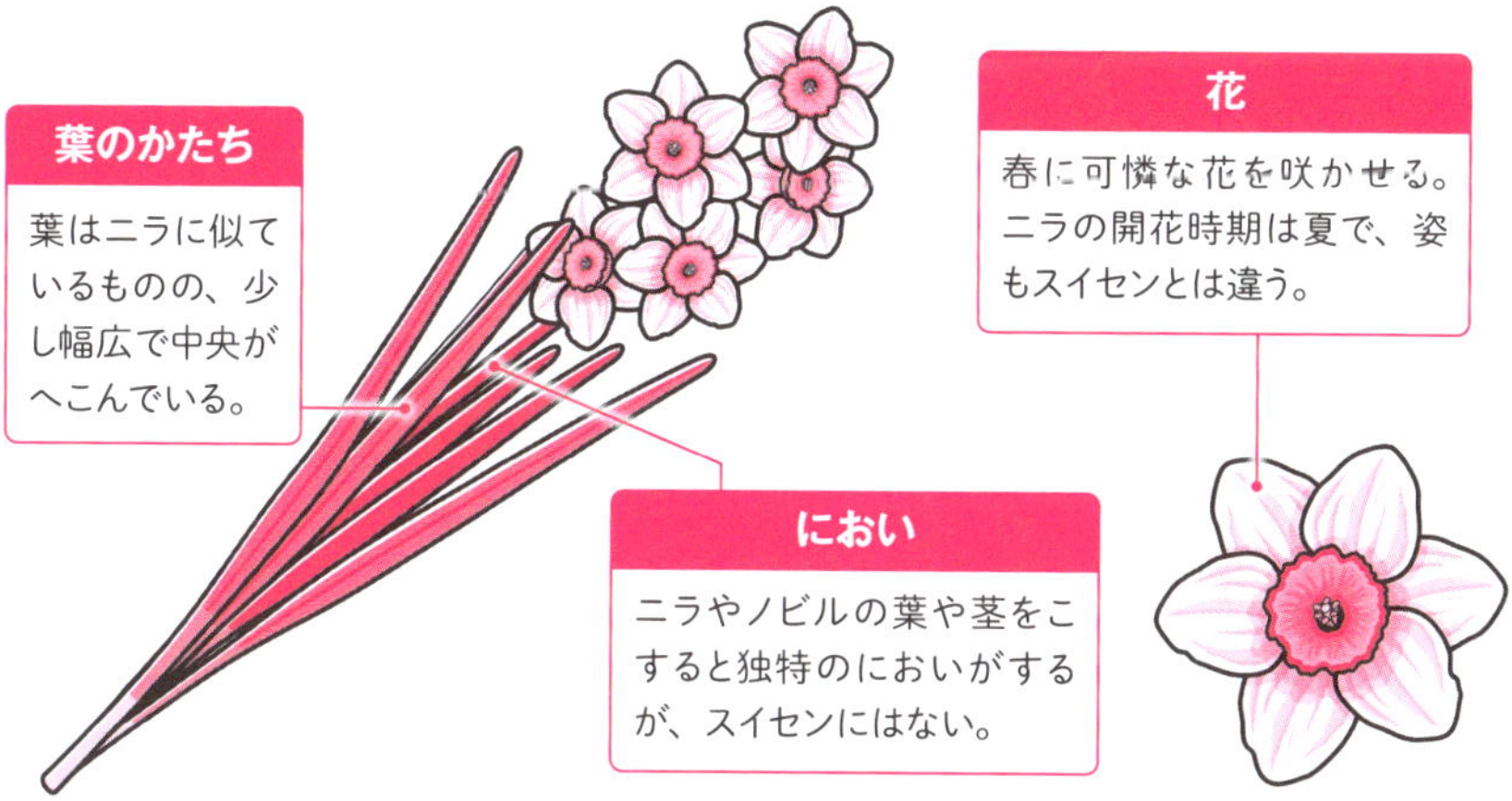
葉のかたち
葉はニラに似ているものの、少し幅広で中央がへこんでいる。
花
春に可憐な花を咲かせる。ニラの開花時期は夏で、姿もスイセンとは違う。
におい
ニラやノビルの葉や茎をこすると独特のにおいがするが、スイセンにはない。

ニラがネギ科に属するのに対し、スイセンはヒガンバナ科の植物であり、ヒガンバナと同じく「リコリン」などのアルカロイド系の有毒物質を持っている。

ニラを食べるときは要チェック

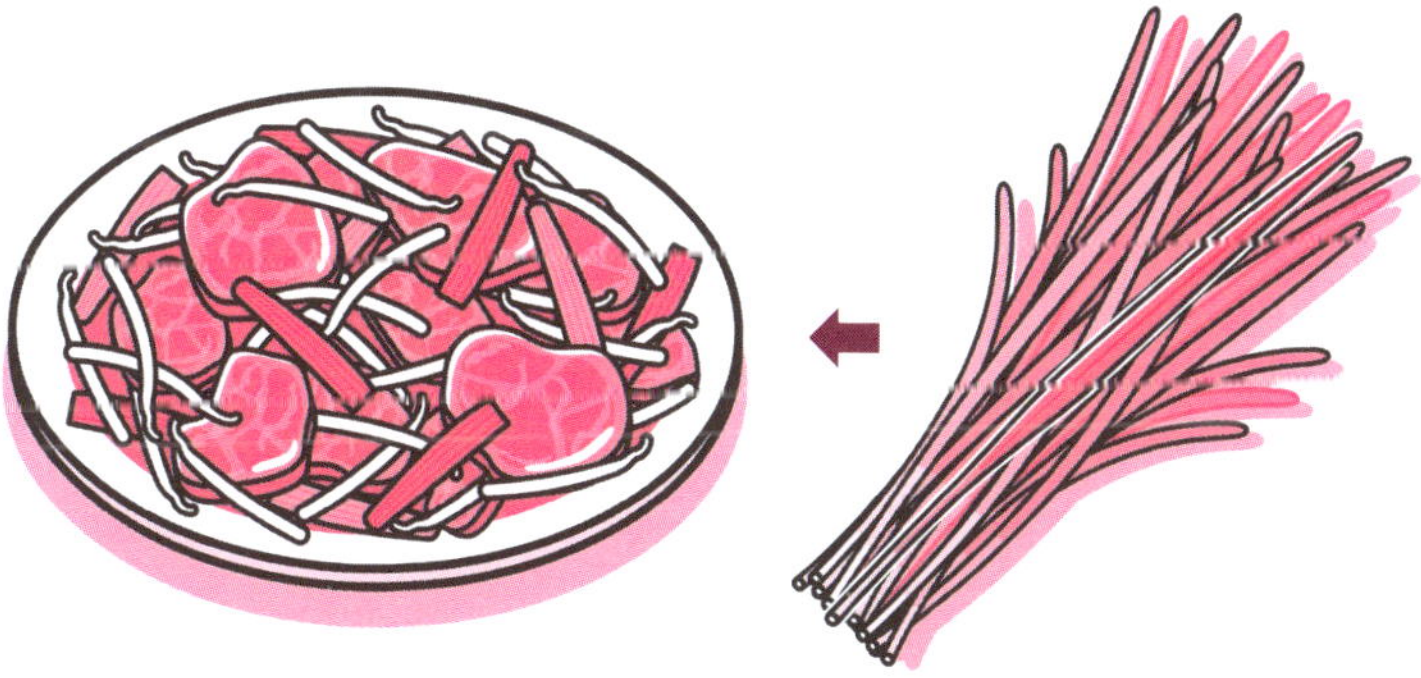

統計的にもスイセンの誤食事故は、ほかの植物に比べてひときわ多い。調理したあとは見分けがつかなくなるので、調理前に見て不安に思ったら絶対に食べないように。

POISON

-04-

シソに激似のヤバい葉っぱ［アジサイの毒］

毒を持つのは確実、だが成分は不明

私たちが普段見かけるアジサイは、太平洋側の主に沿岸部に自生するガクアジサイを原種とした園芸品種です。これらにヤマアジサイなどを加えたのがアジサイ属で、そのなかには有毒成分を持つ種類があります。ただ、**有毒なのはわかっていても、その成分は今のところ明らかになっていません。**

　植物が持つ自然毒に、青酸配糖体というものがあります。摂取により体内で分解してシアン化水素（青酸）を発生させる化合物で、アジサイにもこれが含まれているというのが定説とされていました。しかし現在では、可能性のレベルにとどまっています。

　ともあれ、園芸品種のアジサイもなんらかの毒を持つのは確かで、口にすることにより嘔吐やめまい、顔面紅潮といった中毒症状を起こします。重症例は報告されていませんが、小さな子どもではより重篤な症状を生じることも考えられるので注意が必要です。

　アジサイの誤食で最も多いのが、刺身のツマなど料理の飾りとして使ったものをつい口にしてしまったケースです。**アジサイの葉はシソの葉によく似ているため、料理に添えてしまうことがある**のです。毒の成分が明らかになっていないこともありますし、危険なのでアジサイの葉を食卓にのせるのはやめておきましょう。

正体不明の毒を持つアジサイ

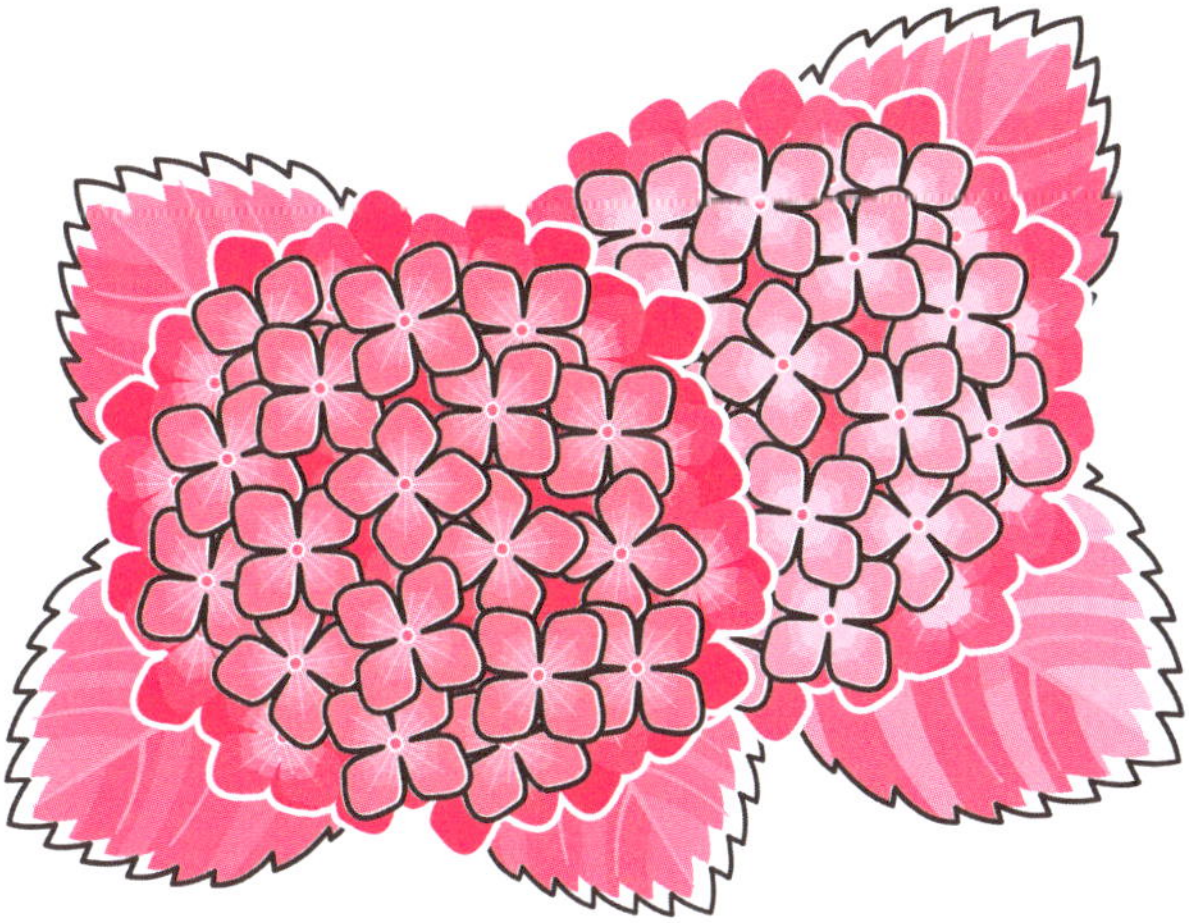

園芸植物として身近なアジサイだが、その葉がシソの葉に似ていることもあり、料理の飾りとして食卓にのぼることがある。重症例はないが毒の成分は不明であり、決して口にしないように。

甘茶でも食中毒が起きる!?

花祭り

花祭りでは参拝者が誕生仏(釈迦の誕生時の姿をかたどった仏像)に甘茶を注ぐ。

甘茶

乾燥させたアマチャの葉を煎じたもの。甘みがあり、薬用としても飲まれる。

ガクアジサイの変種アマチャ(甘茶)は昔から飲用、薬用のお茶として親しまれているが、花祭りで甘茶を飲んだ子どもが中毒症状を訴えた事例が何例か報告されている。

POISON
-05-
ネズミやモグラなどの害獣よけにも使われる［ヒガンバナの毒］

死にまつわる数多くの異名を持つ

ヒガンバナ（彼岸花）は、秋の彼岸に花を咲かせることからその名がつきました。また、仏教に由来する「曼珠沙華《まんじゅしゅげ》」をはじめ、1000を超えるともいわれる多くの異名を持つことでも知られています。それだけ私たちの身近にあり、目立つ植物だったのでしょう。なかには「葉見ず花見ず」といった変わった呼び名もありますが、**死をイメージさせる不吉な名前**も多くあります。これはおそらく花の季節が秋の彼岸ごろであったり、モグラなどの害獣対策のため墓の周りに植えられていたりすることがその理由でしょう。加えて人を死に至らしめるほどの猛毒を持っている点も、無縁ではないはずです。

ヒガンバナの毒は「リコリン」をはじめとしたアルカロイド系の神経毒です。口にすると吐き気や下痢を生じ、重症の場合は中枢神経が麻痺を起こして死に至ることもあります。

全草に毒を持っていますが、なかでも**タマネギに似た鱗茎《りんけい》（球根）が強い毒性を持っている**ため、間違っても食べてはいけません。また、**葉がニラやノビルに似ているため、花が終わった葉だけの時期にやはり間違って口にしてしまう**ことがあるので注意しましょう。毒成分の一部に咳止め・鎮痛・降圧などの作用があるとされ、鱗茎を薬用に用いることもありますが、もちろん素人が手を出すのは禁物です。

葉はニラ似、球根はタマネギ似

ヒガンバナは葉がニラに、鱗茎（球根）がタマネギに似ているので誤食を起こしやすい。ニラもタマネギも特有のにおいがするので、それを判断材料にするとよい。

お墓の近くに咲くのはなぜ？

まだ土葬が一般的だったころ、埋葬した遺体が動物に荒らされないよう害獣対策の意味で植えられた。墓の近くによく咲いているのは、そのなごりでもある。

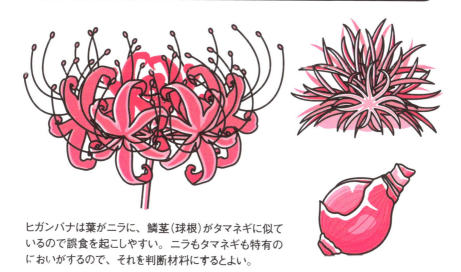

POISON

-06-

触っても、嗅いでもダメ、食べるのは絶対ダメ！［カエンタケの毒］

致死量はわずか3gの激ヤバキノコ

名前の通り火炎のような姿が特徴のカエンタケ。日本には５０００種以上のキノコが存在するといわれ、いわゆる毒キノコは２００種以上が確認されていますが、カエンタケもそうした毒キノコのひとつ。毒キノコのなかでも最強の毒を持つともいわれます。

カエンタケは、カビ毒の一種「トリコテセン」という毒性成分を持っています。**ベトナム戦争で化学兵器として使われたほどの猛毒です。**

この毒キノコの致死量はわずか３ｇ。食後10～30分ほどで吐き気や下痢、体のしびれなどがあらわれ、重症のケースでは数日で死に至ります。命が助かっても脳に障害が残ることも。

さらに、トリコテセンは**皮膚からも吸収され、触れただけで炎症を起こしてしまう**ので要注意です。また、カエンタケから放出された胞子でも、目や呼吸器などに炎症が起きる可能性があり、猛毒のついた指を目や口にやろうものなら、とんでもないことになります。

これほどの猛毒キノコでも誤食による食中毒の報告があるのは、食用のナギナタタケに似ているためです。カエンタケはナラ枯れ（ブナ科の樹木を枯らす病気）が起きた森林に発生する傾向があります。日本ではナラ枯れが増えた近年になるまでこのキノコが珍しかったことも、誤食の背景として考えられるかもしれません。

火炎のような派手な見た目

真っ赤な色に火炎が立ち上がっているような特徴的な見た目だが、食用のナギナタタケとよく似ているため間違って口にしやすい。過去には死亡事故も起きている。

毒は皮膚からも吸収される

カエンタケの持つトリコテセンという成分は、化学兵器としても使われた猛毒。皮膚からも吸収されるので、素手で触れたりしないように。

POISON

-07-

純白で美しい……別名は“殺しの天使”［ドクツルタケの毒］

症状が収まっても油断大敵

　ドクツルタケは、日本の代表的な猛毒キノコです。その毒性の強さは、欧米で「殺しの天使」、「死の天使」という異名で知られるほど。「α-アマニチン」などの猛毒を持ち、たった1本食べただけでも命を落とす危険があります。

　ドクツルタケによる食中毒の特徴は、小康状態となる偽回復期をはさんだ2段構えで症状が出ることにあります。口にしても、すぐには症状はあらわれず、食後6～24時間経ってから嘔吐や下痢がはじまり、それが1日程度でいったん収まります。すると小康状態のあと、4～7日後に肝不全や腎不全などの多臓器不全が生じ、重症の場合では1週間ほどで死に至ります。

　アマニチン類には解毒剤がないので、速やかな胃洗浄が唯一有効な治療法となります。ところがドクツルタケを食べた場合、症状が出るまでタイムラグがあるのが問題です。それから胃洗浄をしても手遅れになる恐れがあるのです。

　ドクツルタケと同じテングタケ科に属する毒キノコに、タマゴテングタケ、シロタマゴテングタケもあり、ドクツルタケを含むその3種は「猛毒御三家」と呼ばれています。いずれもアマニチン類の猛毒を含み、多くの食中毒事故を引き起こしています。キノコは判別がつきにくいので、キノコ狩りは必ず上級者からしっかりとしたレクチャーを受けることが大切です。

猛毒キノコ ドクツルタケの特徴

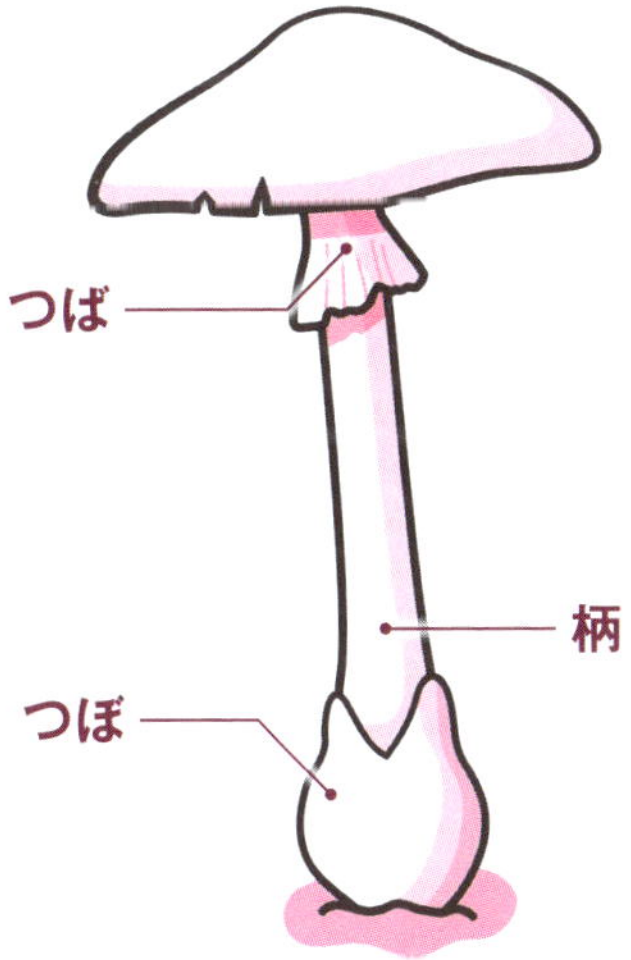

中毒症状は2段構え

症状が2回に分かれる。最初は1日程度で収まり、偽回復期を経て、症状の重い2期目が訪れる。

「つば」と「つぼ」がある

傘の下に「つば」、根元に「つぼ」がある。つばとつぼの両方を持つキノコは危険なものが多い。

恐ろしい「猛毒御三家」

タマゴテングタケ

全世界のキノコ中毒の9割を占める。日本ではあまり発見例は多くない。

シロタマゴテングタケ

タマゴテングタケの変種と考えられている。日本での中毒例も多い。

ドクツルタケとならんで「猛毒御三家」と称されるこの2種も、やはり2段構えの症状を発症する。また、外形上も「つば」と「つぼ」を持つ点がドクツルタケと共通している。

コラム
-3-

植物由来の毒に多い“アルカロイド”とは？

植物毒の多くはアルカロイドという化合物群に属しています。アルカロイドとは一般に、塩基性を示す有機化合物で、さまざまな種類があります。その数は３万種以上にものぼり、タバコに含まれるニコチンや、コーヒーに含まれるカフェインなどもアルカロイドの一種です。すべてのアルカロイドが毒というわけではありませんが、生命活動に影響する生物活性という働きを持つものが多いことから、人体にとって有毒なものも多くあります。

一方、私たちは何気なく、アルカロイドを日常的に摂取しています。たとえば、お茶にはカフェイン、テオブロミン、テオフィリンというアルカロイドが含まれています。唐辛子に含まれるカプサイシンもアルカロイドです。みそ汁の出汁《だし》として定番のかつお節にも、イノシン酸というアルカロイドが含まれています。さらには、人間の体内に存在するアドレナリンやアセチルコリン、セロトニンといった神経伝達物質もアルカロイド類の化合物です。アルカロイドは、私たちの生活とは切っても切り離せない存在なのです。

ときには、誤って有毒なアルカロイドを摂取してしまうことも考えられます。食べるものや触れるものには、つね日ごろから気を配り、知識を持っておくことが大切です。

第4章

息を吸うだけで勝手に入ってくる迷惑な環境の毒

空気中に存在する有害物質。見えない脅威が体に与える影響とその防御法を解説します。

POISON

-01-

環境汚染？人体破壊？吸ったらヤバそうな有毒ガス

人体や環境に害をもたらす気体

有毒ガスとは文字通り、毒性がある気体のことです。吸い込んだり、体に触れたりすると、健康に害を及ぼす危険性があります。

有毒ガスにはさまざまなものが存在します。**工業において物をつくる過程で発生することが多いですし、なんらかの化学反応や自然現象の副産物として生まれることもあります。**主な有毒ガスとして挙げられるのは、一酸化炭素、塩素、硫化水素、アンモニア、二酸化窒素、オゾン、二酸化硫黄、フッ化水素酸などです。

有毒ガスの特徴のひとつとして、「反応性」があります。反応性とは、化学反応を起こす傾向のことです。ほかの化学物質と接触することで化学反応を起こし、その結果、これまでとは違う危険な性質を持つようになるかもしれないのです。

また、有毒ガスは人体にとって直接危険なだけではありません。**空気や水、土壌を汚染して環境にも深刻な被害をもたらします。**

有毒ガスのなかには、においなどで簡単に識別できるものもありますが、無色無臭で気づきにくいものも珍しくありません。そうした有毒ガスを検出するには、ガス検知器などがなければ難しいでしょう。閉鎖空間で有毒ガスの危険性を感じた場合には、十分に換気をするようにしてください。

空気中にまん延する有害なガス

吸い込んだり、肌に触れたりすると、人間の健康に直接害を及ぼす危険性がある。

放出されると空気、水、土壌を汚染してしまい、結局は人体にも悪影響を及ぼす。

もし有毒ガスがもれた場合は？

「有毒ガスがもれているのでは？」と疑われる場合は、すぐに避難を。そのうえで消防署などに通報しよう。引火の危険性もあるので、タバコなど火の使用は厳禁。

タバコよりも肺がんへの近道［アスベスト］

かつては建築現場などで大活躍

以前は建築資材や電気製品、工業製品の材料として使われていたものの、危険性が判明して大きな社会問題となったのがアスベストです。

アスベストは細くて軽い繊維状の鉱物で、石《いし》綿《わた》とも呼ばれています。不燃性、耐久性、耐熱性などに優れているため、建物を建設する際に断熱材、耐火被覆板などの材料として大量に使われていました。

ところが、アスベストの繊維を吸い込むと病気になってしまうことが判明。アスベストは太さが髪の毛の約５０００分の１と非常に細いうえに軽いため、舞い上がった粉塵を吸い込んでしまう危険性が高いのです。**アスベストを原因とする主な病気としては、石綿肺（肺が繊維化してしまう病気）、肺がん、悪性中皮腫などが知られています。**

アスベストによる病気の特徴として、**潜伏期間が15～20年と極めて長い**という点が挙げられます。自分は症状が出ないから大丈夫だと思っていたら、実はアスベストが原因の病気にかかっていたということも大いにありえるのです。

極めて危険なため、２００６年からアスベストを含有する建材は製造・使用が禁止されましたし、アスベストを使用した建物を解体する際にもアスベストが飛び散るのを防ぐためのさまざまな基準が設けられています。

ビルの建築などで重宝されていたが……

アスベストは「石綿」とも呼ばれ、優れた耐熱性や不燃性などを持つため建築資材の材料として大人気だった。

吸い込むと肺がんなどのリスクが高まる

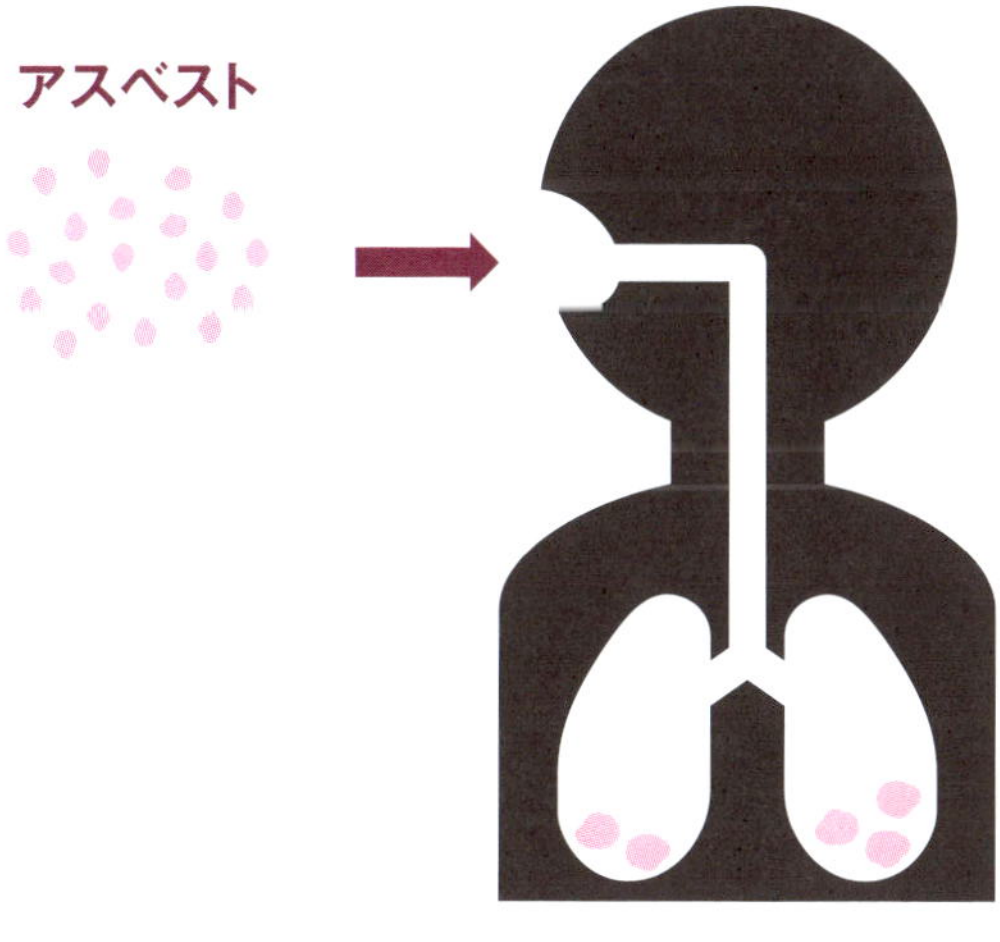

細くて軽いアスベストは粉塵として舞い上がる。そのアスベストを吸い込んで体内に蓄積されると肺がん、石綿肺などを引き起こす。

POISON

-03-

ゴミの誤った処理で発生する恐ろしい化学物質［ダイオキシン］

自然環境下では分解されない

ゴミなど物を焼却する過程で生成される毒性のある物質がダイオキシンです。

日本では1980年代にゴミ焼却施設の灰からダイオキシンが見つかり、90年代にかけて大きな関心を集めました。

ダイオキシンは無色で、水に溶けにくく、そのうえ蒸発しにくく、ほかの化学物質や酸、アルカリにも簡単に反応しません。つまり、自然環境のなかでは非常に分解されにくいのです。

そのため土や水のなかに長期間残留するうえ、汚染された食べ物を摂取することにより、人体で濃縮されていく危険性もあります。さらに、人体から排出されるまでは約7年かかるといわれます。

動物実験の結果では、ダイオキシンには発がん性、生殖毒性、免疫毒性、神経毒性などがあることがわかっています。**ベトナム戦争でアメリカ軍が使用した枯葉剤のなかにダイオキシンが含まれていて、先天性の異常児が生まれた**こともありました。

ただし、環境中や食品中に含まれるダイオキシンの量は非常に少ないので、日常生活で摂取する量では、症状が発症する可能性は低いともいわれています。また、排出規制などの効果で現在のダイオキシンの排出量は以前と比べて低下しています。

ゴミ焼却などで発生

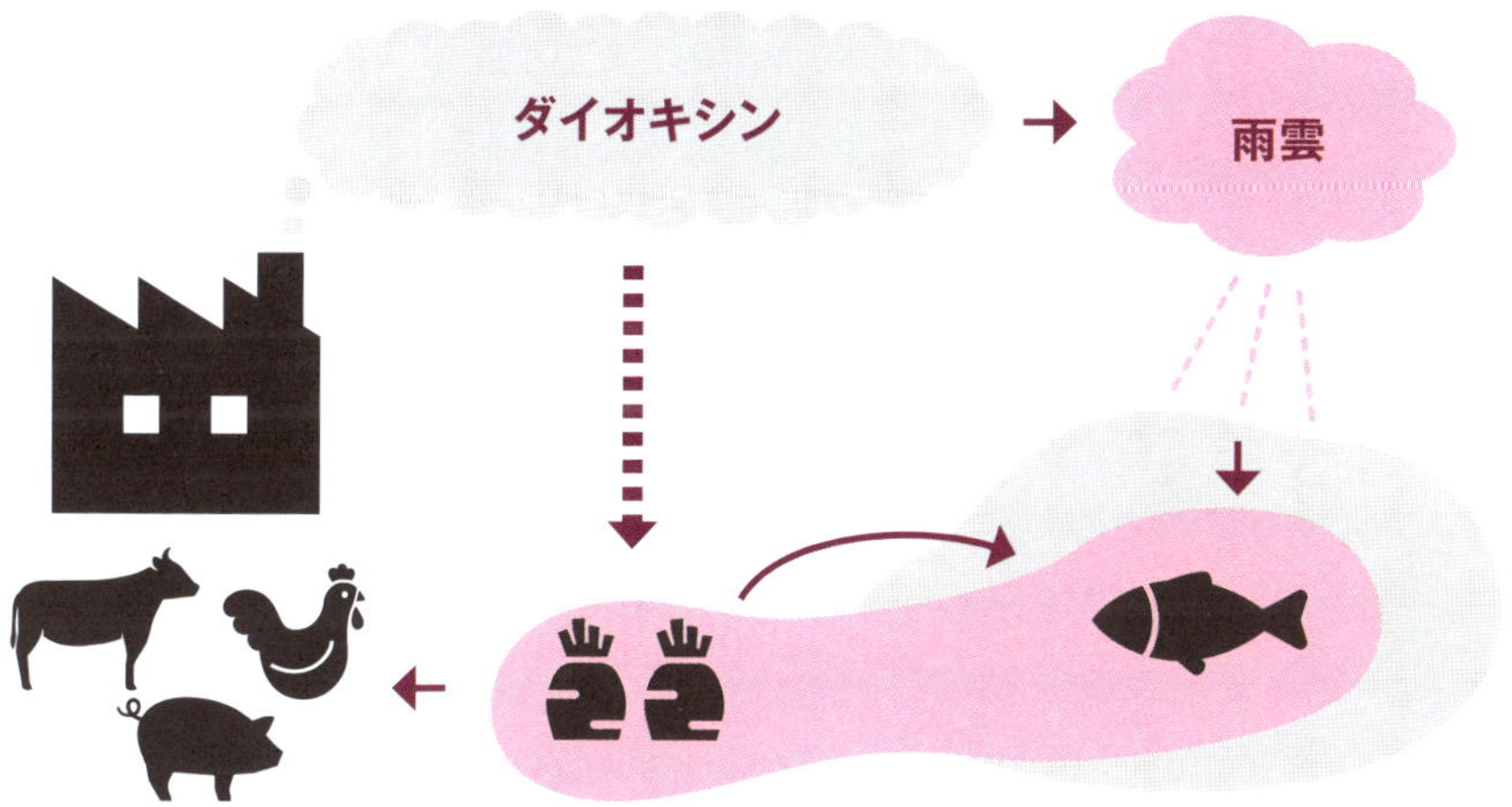

物を燃やして発生したダイオキシンはなかなか分解されない性質を持ち、土や水のなかに長期間残留する。

食べ物を通じて人間の体内へ

ダイオキシンは、ダイオキシンが溜まった土で育った野菜や穀物、それを食べた牛などの畜産物、ダイオキシンで汚染された海で暮らす魚などを食べることで、私たちの体内に入ってくる。

POISON

-04-

実はにおわない無色無臭の毒性ガス［一酸化炭素］

無色無臭で知らぬ間に吸っている

非常に有毒性が強く、中毒死を引き起こすこともあるのが一酸化炭素です。空気中にわずか0・16%含まれているだけで中毒死に至る危険性があります。

しかも厄介なことに**無色無臭のため、気づかないうちに一酸化炭素を吸い込んでしまうこと**もあります。

換気が悪い場所では特に注意が必要で、一酸化炭素の濃度が高まらないように換気を十分に行わなければいけません。また、そういった場所では内燃機関や練炭コンロなどは使わないようにしましょう。

タバコの煙や自動車の排気ガスにも一酸化炭素は含まれます。また、**通常は炭素を含む物質が燃えると二酸化炭素が発生しますが、酸素が不足した状態だと一酸化炭素が発生します**。これは不完全燃焼と呼ばれる現象です。

一酸化炭素が体内に入ると、血液中の酸素が運ばれなくなって酸素不足となり、さまざまな症状を引き起こします。主な中毒の症状は、頭痛、吐き気、めまい、けいれん、失神、そして最悪の場合は死に至ります。

こうした危険性が指摘される一方で、治療の効果などを判定するバイオマーカーとしての役割も期待されていて、今後の研究の進展が望まれています。

気密性が高い家は換気必須

昔の家屋では囲炉裏《いろり》などを使っていたが、家の通気性がよかったので一酸化炭素中毒は起きにくかった。

気密性が高い現代の家屋で七輪やガスストーブを使うと、一酸化炭素（CO）中毒のリスクが高まる。

車でも一酸化炭素中毒が起きる

雪などで立ち往生してマフラーが埋もれてしまうと、排気ガスが車内に入り込み、一酸化炭素中毒が起きる危険性がある。

日本の水道水は本当に安全？［ＰＦＡＳ］

排水によって海と河を汚染

水銀は、常温下で液体の状態で存在する唯一の金属です。電子式体温計や温度計が普及する前は体温計や温度計に使われていたり、古代にはその化合物が塗料などにも利用されていたりと、人々にとって身近な存在でした。

しかし、公害が起こり、その毒性が広く知られるようになりました。特に**１９５６年に熊本県水俣市で明らかになった水俣病が有名**です。

チッソ水俣工場からの排水にメチル水銀化合物が含まれていたことで、海や河川に棲む魚介類を食べた人の体にメチル水銀化合物が蓄積され、神経障害を引き起こしました。主な症状は、「歩けなくなる」「言葉が不明瞭になる」「感覚がおかしくなる」といったものです。

水俣病は、初期段階では原因不明の神経疾患として扱われていましたが、多くの患者が確認されて原因が特定されるようになり、裁判では国と県の責任も認められました。

水俣病は環境水を汚染したことで発生しましたが、現在も日本の水道水の安全性が疑われています。**日本各地で水道水からＰＦＡＳが検出されている**からです。ＰＦＡＳとは人工的につくられた化学物質で、分解されず、さまざまな健康被害をもたらすという特徴を持っています。水俣病のような公害が再び起きないようにしっかりと対策してほしいものです。

食物連鎖で水銀化合物が濃縮されていく

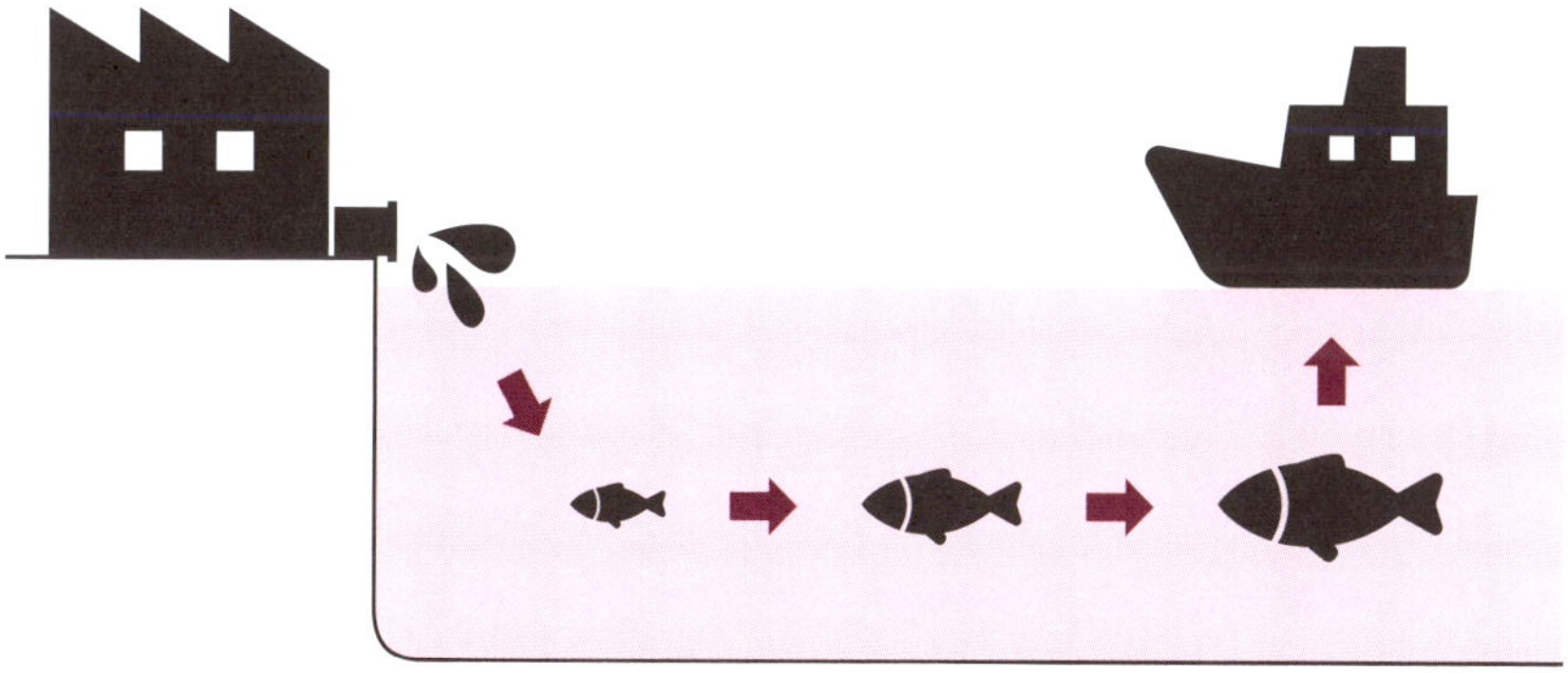

工場の排水でメチル水銀が河川や海に放出された。メチル水銀は小さな魚の体内に入り、その魚を食べた大きな魚、大きな魚を食べた人間の体内へと蓄積されて水俣病を発症した。

自然には分解されない永遠の化学物質

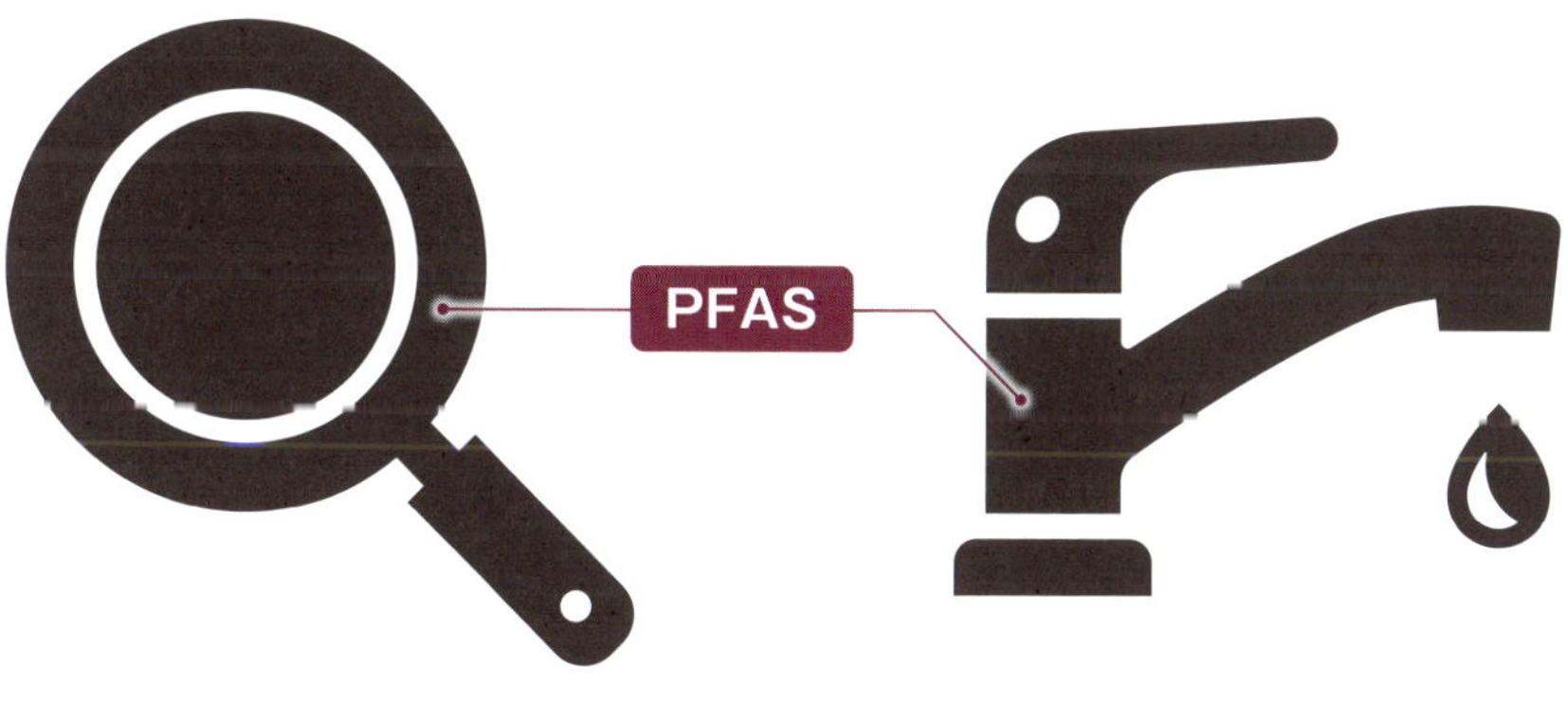

PFAS（per- and polyfluoroalkyl substances）はフッ素加工のフライパンなどの工業製品に使われている。分解されにくいことから、「永遠の化学物質」と呼ばれる。

POISON

-06-

ドライアイスの取り扱いにも要注意［二酸化炭素］

身近な存在だが、実は危険な気体

呼吸をしたときに、われわれが吐き出すのが二酸化炭素です。物が燃えたときにも、その物に含まれていた炭素が酸素と結びついて二酸化炭素が発生します。

このように非常に身近な存在ですが、実は二酸化炭素に毒性があることはあまり知られていません。

空気中の二酸化炭素の濃度が高い（3〜4％以上）と、二酸化炭素中毒になる危険性があります。二酸化炭素中毒の症状は、呼吸困難、めまい、激しい頭痛、意識消失などです。

二酸化炭素を冷やして固体としたものがドライアイスです。ドライアイスは食品の保冷などで使われていますが、葬儀での遺体の保冷にも活用されています。実は、この葬儀に使われるドライアイスで実際に事故が発生しているのです。

ドライアイスを敷き詰めたひつぎに顔を近づけた人が意識不明となり、搬送先の病院で死亡する事故が複数件発生しました。こうした事例を受けて、消費者庁はひつぎのなかに顔を入れたりしないように注意を呼びかけています。

また、二酸化炭素は人体だけでなく、環境にも大きなダメージを与えます。石油や石炭などを使用することで大気中の二酸化炭素含有量が増えて、地球の温度調節がうまくいかなくなり、地球温暖化という問題が起きているのです。

葬儀で起きる二酸化炭素中毒

遺体を保冷するドライアイスの二酸化炭素で中毒する事故が複数件発生している。なかには搬送先の病院で死亡したケースも。

地球温暖化の原因にも

地表から宇宙に向けて放出された熱を二酸化炭素などの温室効果ガスがさえぎり、地球の温度を上げている。

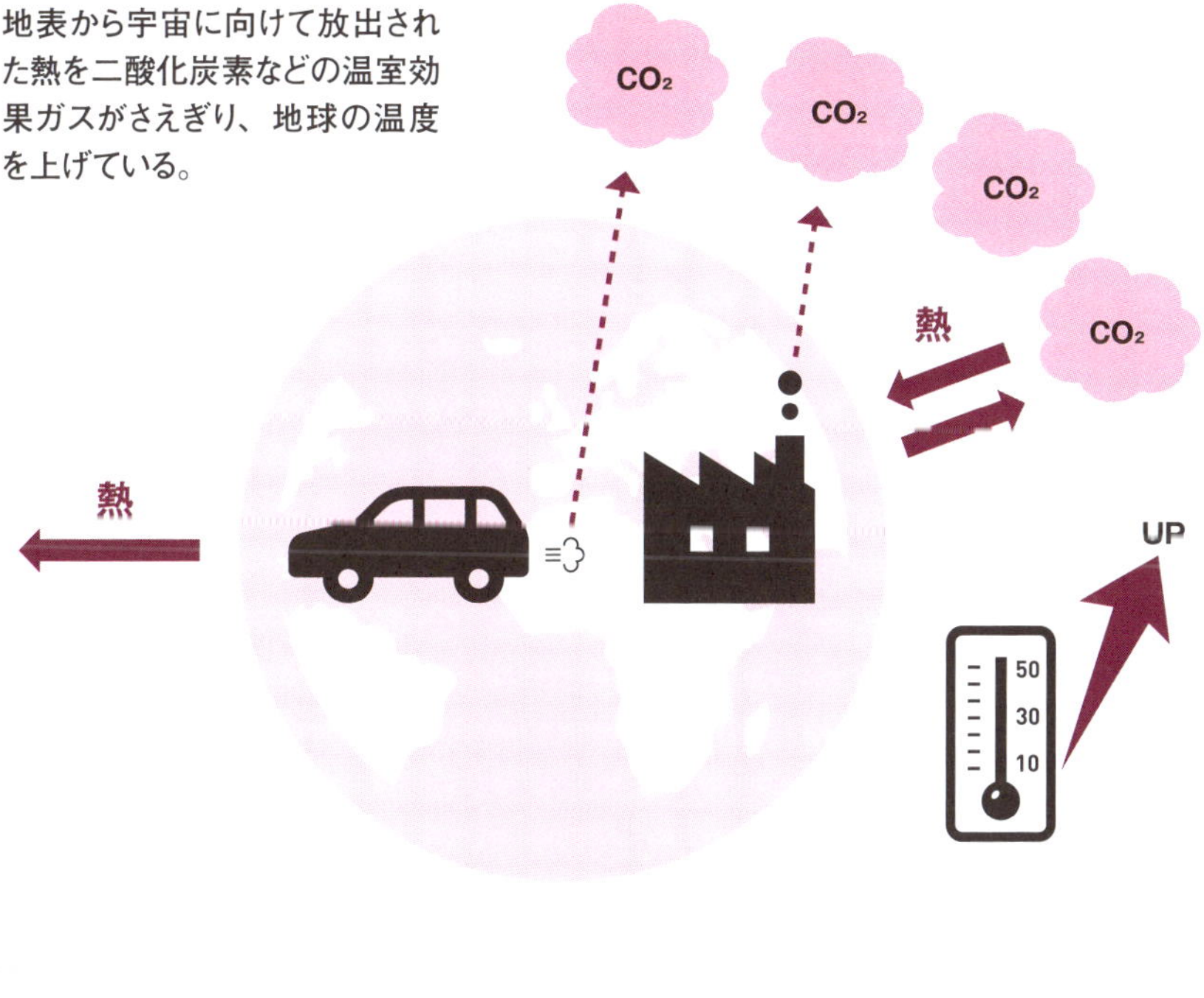

吸わない人にも容赦なし タバコの煙［ニコチン］

依存度が強くなかなかやめられない

タバコの原産地はアメリカ大陸であり、コロンブスがヨーロッパに持ち帰って、世界中に広まっていきました。最初は薬草として扱われていましたが、喫煙の習慣が広がって嗜好品として流行するようになったのです。

タバコには心身を落ち着かせる効果があるといわれていますが、それはタバコの主成分のニコチンによるものです。

煙からニコチンが体内に取り込まれると、大量のドーパミンが放出されます。ドーパミンは快楽に関連した神経伝達物質で、その放出で強い快感が得られるのです。しかし、ニコチンは強い依存性も持っています。

ニコチンはドーパミン以外にも、気分を調整するセロトニンや食欲を抑制する神経伝達物質や、認知作業を向上させる神経伝達物質にもかかわっています。**タバコを吸い続けると、ニコチンを摂らないと神経伝達物質の分泌が低下して、不快な状態になってしまいます。**このとき、タバコを吸うと不快な状態が解消されるので、人は喫煙を繰り返してしまいます。これがニコチン依存症のシステムです。

ニコチンは毒性も強く、タバコを誤って飲み込んだ子どもが死亡した事故もあります。ニコチンは水に溶けやすいため、タバコの吸い殻を入れた空き缶中の水などは大変に危険です。

喫煙を繰り返してしまうしくみ

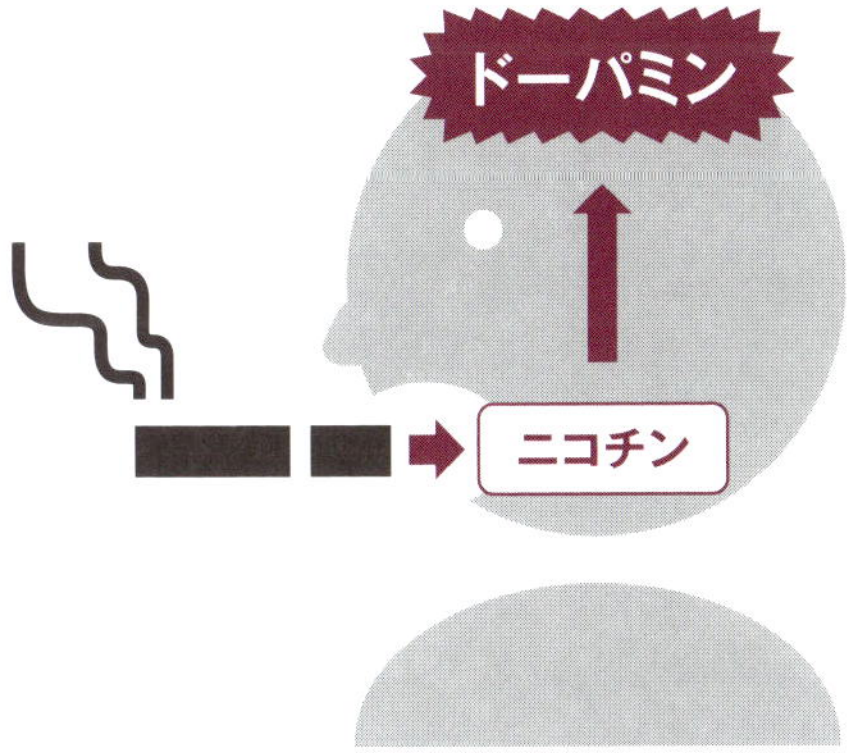

タバコを吸って体内にニコチンが入ると、ドーパミンなどの物質が放出される。タバコを吸わなくなると、ドーパミンの分泌が低下して不快な状態となるため、タバコを吸いたくなる。

タバコを広めたのはコロンブス

北米に到達したコロンブスは先住民からタバコをもらい、ヨーロッパに持ち帰った。その後、日本を含め世界中にタバコが広まった。

POISON

-08-

不健康そうな空気NO.1［排気ガス］

がんの原因にもなる排気ガス

都市部において大気汚染の主原因となっているのが、自動車の排気ガスです。**大都市周辺には自動車が集中し、交通渋滞も発生して、大量の排気ガスが空気中に放出されています。**

排気ガスの危険性は、これまでも注目されてきました。最近では特に、ディーゼル車の大気汚染が問題となっています。ディーゼル車は軽油を燃料とした自動車です。ガソリン車と比べて燃料代が安く、燃費がいいなどのメリットがあります。

この**ディーゼル車が出す排気ガスに、発がん性のリスクがあると指摘されているのです。**

ディーゼル車が排出する窒素酸化物や粒子状物質などが大気を汚染し、健康に影響を及ぼします。ディーゼル車は規制されるようになり、最近では有害物質の排出量が少ない「クリーンディーゼル車」も発売されました。

ディーゼル車だけでなく、通常のガソリン車も、環境保護の観点により排気ガス規制が行われています。

一方、**排気ガスを出さないのが、ガソリンなどの燃料を使わない電気自動車です。**直接の大気汚染などの環境問題に対する解決策として期待されている電気自動車ですが、「購入費用が高い」とか「街なかで充電できる場所が少ない」といった課題も抱えています。

渋滞がひどいと大気汚染もひどくなる

交通渋滞の結果、自動車が加速減速を繰り返すと、燃料の消費が増えて排気ガスも増える。

電気自動車は課題がいっぱい

直接に大気を汚染する排気ガスは出さない電気自動車だが、街なかで充電できる場所が少ないなどの課題がある。

POISON

-09-

腐ったゆで卵のにおいは危険の合図［火山ガス］

火山の国では有毒ガスに注意

「山で起きる事故」と聞くと滑落などを連想するかもしれませんが、火山の国である日本では火山ガスのことも忘れてはいけません。

火山の近くには「殺生石」と呼ばれる岩があったり、「殺生」とついた地名があったりします。これは、火山ガスで命を落とした人がいたことが名前の由来だと考えられています。

火山ガスにはいくつかの種類がありますが、**硫化水素や二酸化硫黄を含むものも多く、人体にとって非常に危険なこともあります。**

現代においても、火山ガスで人が亡くなる事故は起きています。１９９７年には７月に青森県の八甲田山で３人、９月に福島県の安達太良山で４人、11月に熊本県の阿蘇山で２人が火山ガスが原因で亡くなりました。

火山ガスは活動中の火山の火口から放出されます。また火口だけでなく、山腹などにある噴気孔から放出されることもあります。

火山ガスは一般に、無色透明で視覚的には気がつきません。火山ガスのなかでは硫化水素は腐ったゆで卵のようなにおいがしますが、**濃度が高くなると嗅覚がマヒしてにおいを感じなくなるということも知っておいたほうがいいでしょう。**火山ガスに遭遇した場合は水に濡らしたタオルなどで口と鼻を覆って、風上の高い場所を目指して事故を避けてください。

火山ガスの発生場所と溜まる場所

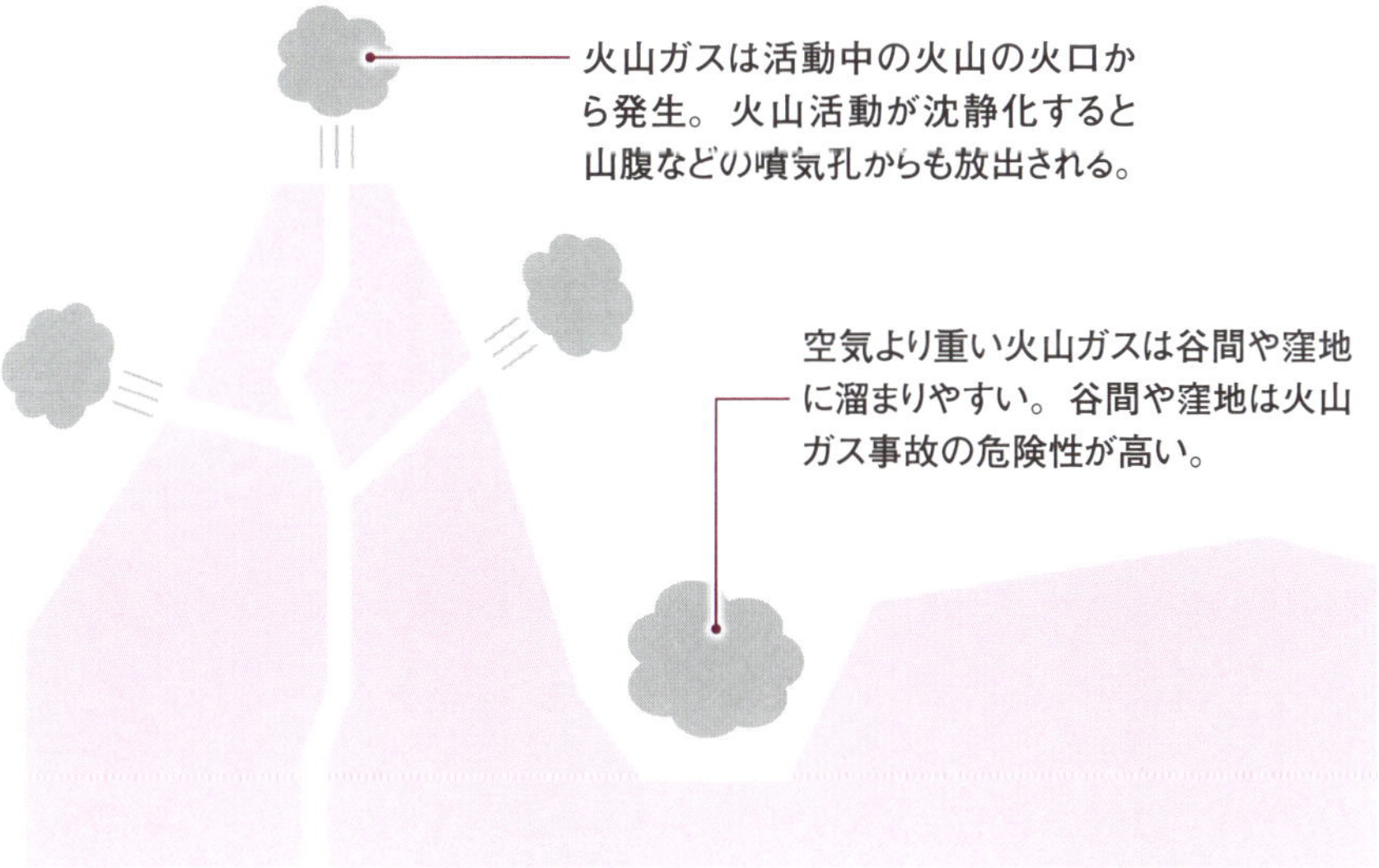
火山ガスは活動中の火山の火口から発生。火山活動が沈静化すると山腹などの噴気孔からも放出される。
空気より重い火山ガスは谷間や窪地に溜まりやすい。谷間や窪地は火山ガス事故の危険性が高い。

火山ガスと遭遇した場合は

硫化水素や二酸化硫黄は水に溶けやすいので、水で濡らしたタオルなどで口と鼻を覆って、風上の高い場所に移動しよう。

POISON

-10-

浴びたらハゲる!?〔酸性雨〕

人体や建造物に害をもたらす雨

環境汚染は、自然の恵みであるはずの雨にも悪影響を及ぼしています。工場や自動車などから排出された硫黄酸化物や窒素酸化物が**雲のなかの水滴に溶けて、雨や雪として降ってくる現象が酸性雨です。**

通常の雨にも酸性の物質は含まれていますが、酸性雨の酸性は非常に強いため、河川や湖、土壌を酸性化させて生態系に悪影響を与えます。酸性雨によって森林が衰退したり、池に魚が棲めなくなったりすることもあるのです。

酸性雨が害をもたらすのは自然環境だけではありません。コンクリートを溶かしたり、金属を錆びさせたりして、建造物や文化財などが劣化することも珍しくないのです。

さらには、酸性雨が人体に与える影響も心配されています。**強い酸性の液体はタンパク質に影響を与えるという懸念から、酸性雨を浴びることにより髪の毛がダメージを受けてハゲてしまう**のではないかとも考えられているのです。

ただし、これを否定する専門家もいます。酸性雨の酸性とアルカリ性の度合いを示すpHの数値の目安は5・6ですが（7が中性で、それより低いと酸性）、私たちはこれより強い酸性の温泉にも普通に入浴できているので、**酸性雨にあたるだけで髪の毛が抜けることはない**というのが、そうした専門家の意見です。

生態系にダメージを与える

工場などから大気中に排出された化学物質が、空気中で雨や雪に溶けこんで降り注ぎ、自然環境や建造物に被害を与える。

どちらを信じるかはあなた次第

酸性雨が髪に与える影響を心配する声もあるが、酸性雨以上に酸性が強い温泉にも入れる（たとえば、青森県の酸《す》ヶ《か》湯《ゆ》温泉の湯の pH は約2.0）ので、酸性雨だけでハゲる心配はないという説も。

コラム

-4-

換気必須！ 爆発＆中毒注意のスプレー缶

ヘアスプレーや制汗剤、防水スプレーなど、私たちの身の回りにはスプレー缶の製品があふれています。ドラッグストアやスーパーなどで誰でも購入できて便利ですが、これが原因の事故が毎年発生しています。

よく起こる事故としては、スプレー缶が破裂・爆発したり、引火したりするケース。直射日光のあたる場所や熱源の近くにスプレー缶を置くと、中身が温まって膨張し、破裂・爆発することがあります。また、スプレー缶を噴射した直後に近くで火をつけると、噴射されたガスに引火して火事が発生することも。2018年には北海道、また2023年には東京にてスプレー缶の処分中にガス爆発・火災の事故が起きています。このほか、噴射物が目に入ったり、ガスを吸い込んだりして体調が悪くなるケースも発生しています。

スプレー缶を取り扱う際は、記載されている注意書きをよく読み、正しい使い方をすることが何より大切です。密閉された空間での使用は避け、必ず使い切ってからガス抜きをして捨ててください。缶を振って音が鳴る場合は、まだ中身が残っています。中身が残った状態でガス抜きすると、可燃性のガスが大量に出てしまうため非常に危険です。最後まで気を抜かずに取り扱いましょう。

第5章

誰しもいちばん身近な食べ物・飲み物の毒

食品に含まれる毒性物質やその過剰摂取のリスク。日常生活に潜む危険と対策のポイントを紹介します。

POISON

-01-

過剰摂取厳禁！調味料の致死量

なんでも摂りすぎはよくない

人間にとって必要不可欠な塩分。神経や筋肉の機能を維持したり、胃酸を生成したりするなど、さまざまな役割を担っています。

ただし、塩分の摂りすぎは健康にはよくありません。塩分を過剰摂取すると、血液中のナトリウムイオンが体内の水分を血液中に引き込みます。このため、**血管内の水分が増えて血圧を上げ、心臓や塩分を排せつする機能を有する腎臓に負担をかける**ことになります。

食塩の半数致死量は、体重１㎏あたり３０００～３５００㎎程度とされています。これは体重60㎏の人なら１８０～２１０gですから一度に摂るのは難しそうですが、食塩にも致死量のあることは事実です。

致死量のある調味料は食塩だけではありません。**砂糖の場合は体重60㎏換算で１８００～３０００g、醤油《しょうゆ》は塩分濃度にもよりますが、塩分濃度が16％だと１９０～４７０㎖といわれています。**

ちなみに、うま味調味料の成分であるグルタミン酸ナトリウムには、１９６０年代のアメリカで「中華料理店症候群」と呼ばれる健康被害の噂が広がりました。しかし、世界保健機関（ＷＨＯ）などの調査の結果、グルタミン酸ナトリウムが中華料理店症候群を生み出すという根拠はないと結論づけられています。

塩分の摂りすぎは血圧上昇を招く

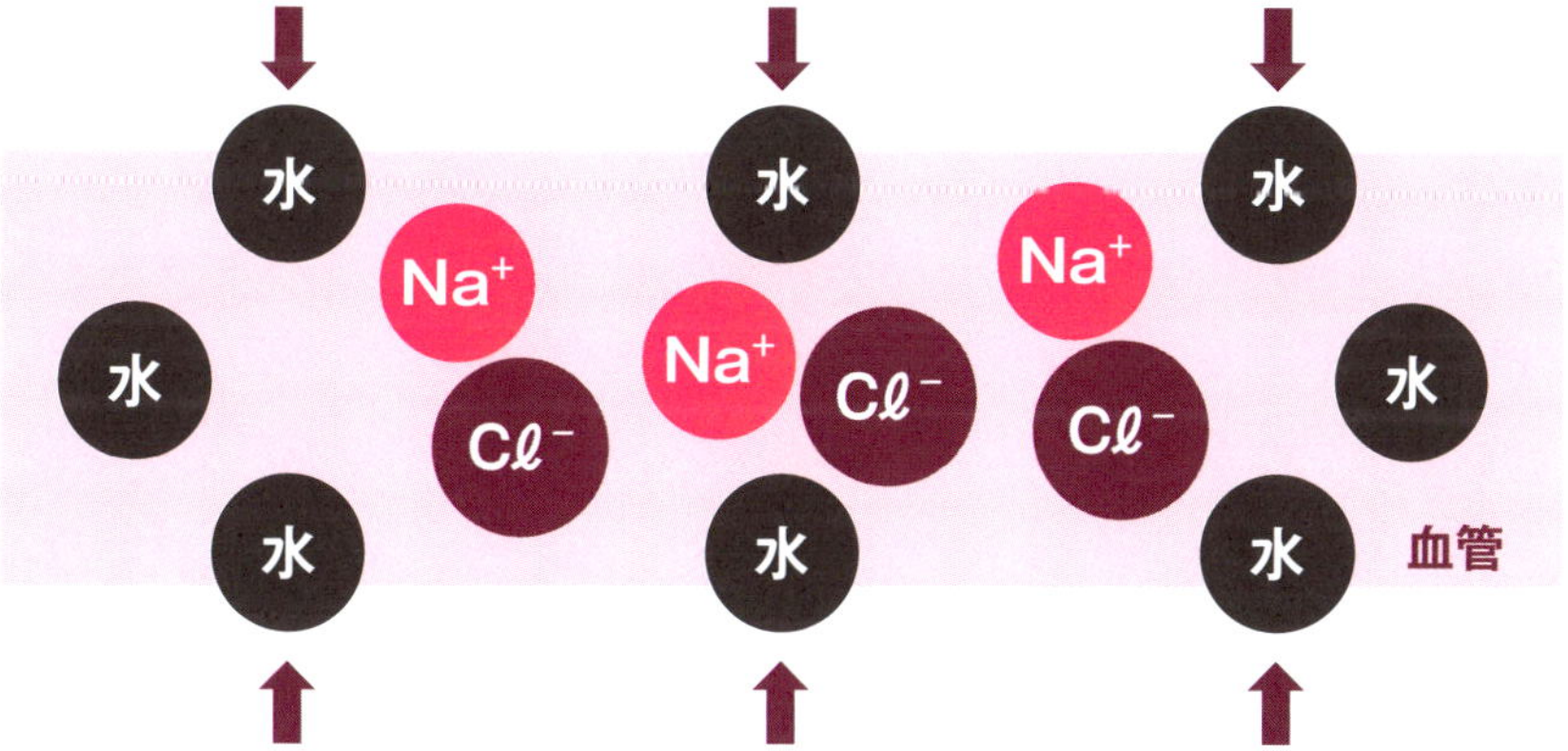

血圧と塩分との関係には不明な点もある。ただ、一説によれば、塩分を摂りすぎると血液中の塩分由来のイオン濃度が高くなり、そのために浸透圧が上昇する。そこで、これを解消しようとして水分が取り込まれるので、血流量が増えて血管を押す力が強くなり、血圧が上がってしまうとされる。

中華料理は体に悪い？

1960年代のアメリカでうま味調味料を使った中華料理を食べると頭痛や顔面の紅潮、動悸などの症状が出る「中華料理店症候群」が引き起こされると噂されたが、調査の結果、そのような根拠はないとの結論が出た。

POISON

-02-

摂りすぎは命にかかわることも［カフェイン］

過剰摂取で死亡したケースも

緑茶や紅茶などの茶類、コーヒー、ココア、一部の栄養ドリンク、コーラなどの清涼飲料水に含まれているのがカフェインです。飲料以外では、チョコレート、眠気覚まし用のガムやサプリメントなどにも含まれています。

カフェインには頭をすっきりさせたり、眠気を覚ましたりする効果がありますが、これは中枢神経を興奮させて身体を活発化させる働きを持っているからです。

近年では、カフェインを添加した飲料やサプリメントが多数販売されているため、**カフェインを過剰摂取してしまうのではないかと危惧する声もあります。**

過剰摂取してカフェインの急性中毒になると、精神面と肉体面の両方で症状が出ます。精神面の症状には、感覚過敏、不安、焦燥感、気分高揚など。肉体面での症状には、不眠症、胃痛、悪心、嘔吐、動悸、頻尿などがあります。**重症化すると精神錯乱、妄想、手足の震え、けいれんなどが生じ、死亡事例も発生しています。**

カフェインとアルコールを一緒に摂ると、カフェインの興奮作用でアルコールによる酔いがわかりにくくなり、結果的にアルコールの飲みすぎにつながりかねません。エナジードリンクとアルコール類のカクテルのようなものの摂取には、十分な注意が必要です。

カフェインを含む食品は多い

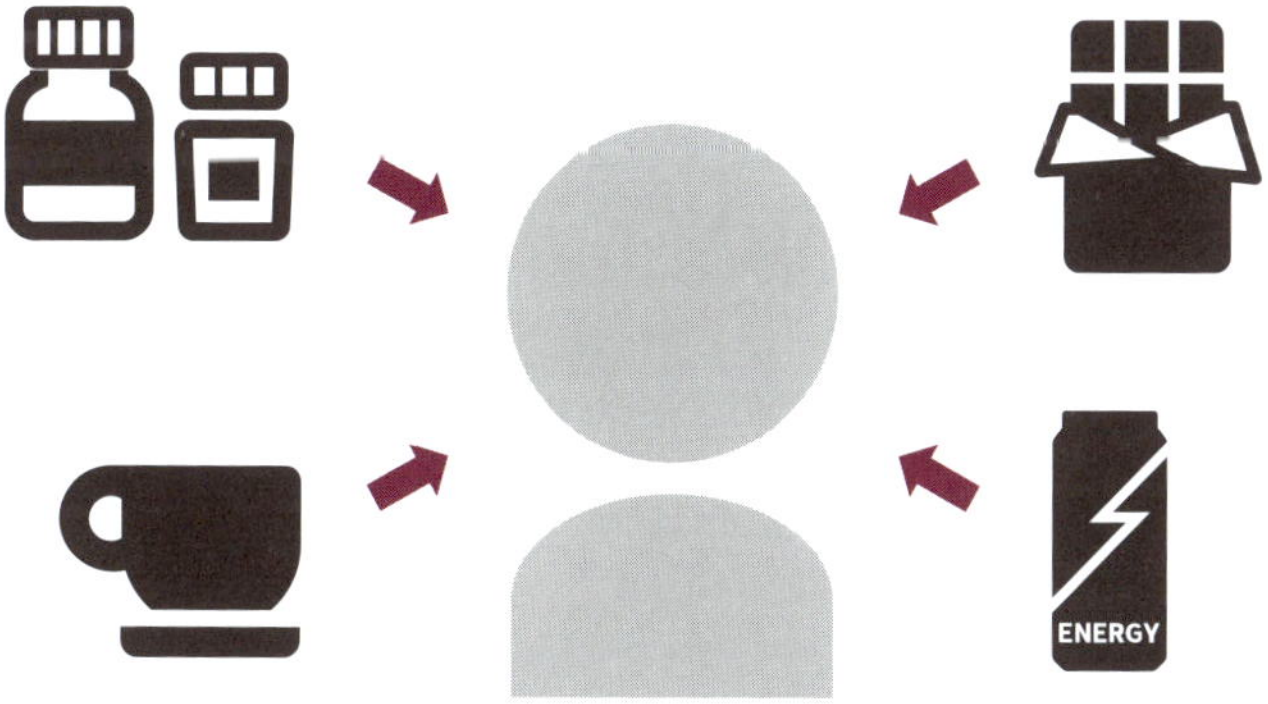
ENERGY

飲料のほか、チョコレートやサプリメントなど、カフェインを含む商品は多い。これらを合わせて食べたり飲んだりすることもカフェインの過剰摂取につながる。

酒とエナジードリンクの組み合わせは危険

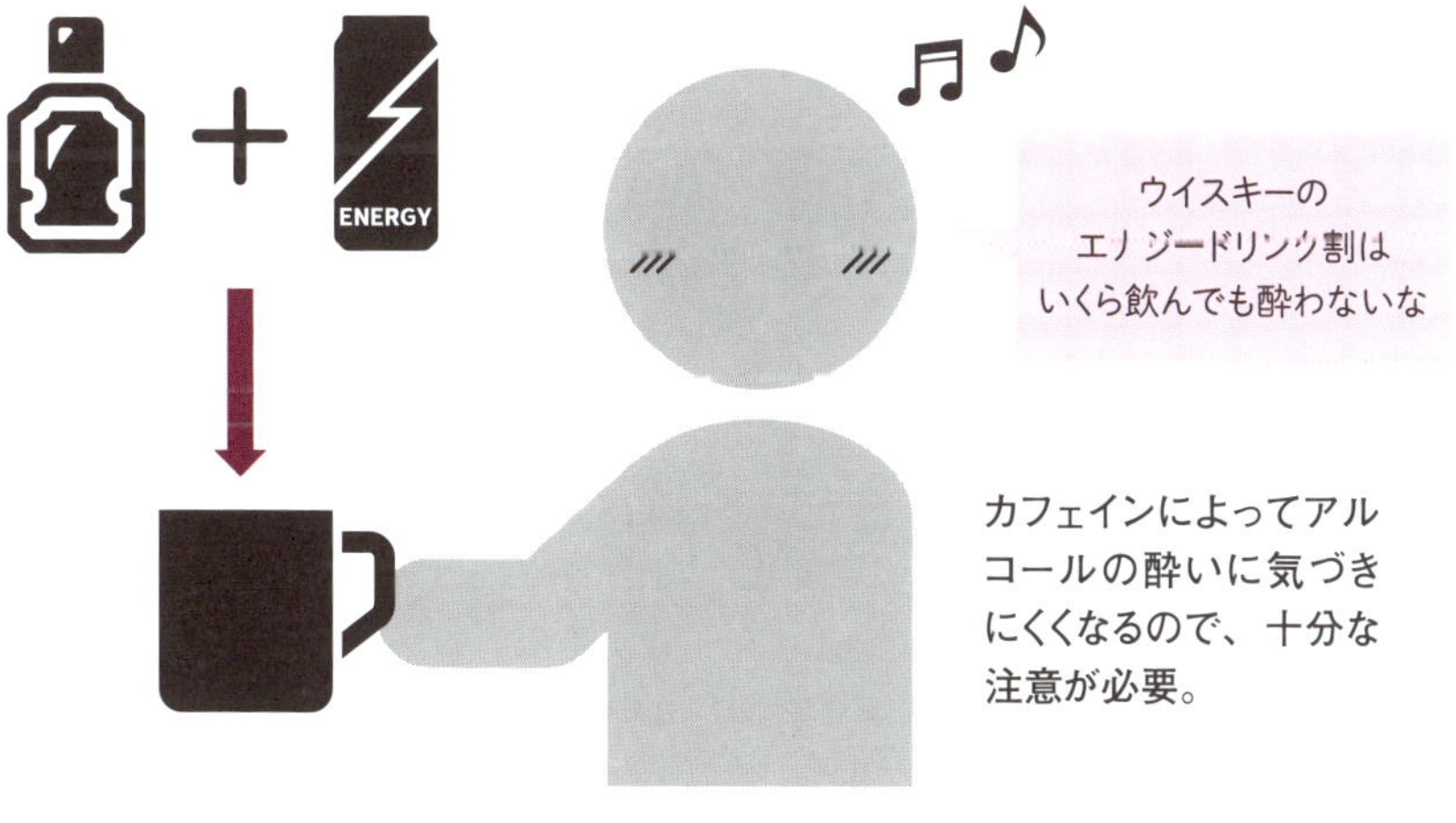
ENERGY
ウイスキーの
エナジードリンク割は
いくら飲んでも酔わないな

カフェインによってアルコールの酔いに気づきにくくなるので、十分な注意が必要。

POISON

-03-

どれくらい飲むと有害？［アルコール］

少量でもがんのリスクが高まる

「酒は百薬の長」という言葉があります。適量なら酒は健康によいという意味です。

適量のアルコールには精神をリラックスさせてストレスを減らしたり、血管を拡張させて血行を改善したりする効果があるほか、善玉コレステロールも増やします。赤ワインのポリフェノールが心筋梗塞の予防に役立つという報告も。

しかし、近年ではむしろアルコールの健康への害を指摘する声も多く聞かれます。**少量の飲酒でも、顔から首までの範囲のがんのリスクが高くなる**といわれているのです。

２０１７年には米国臨床腫瘍学会がアルコールと口腔がん、喉頭がん、食道がんなどに因果関係があるという声明を出しました。**アルコールが体内で酸化されて生成するアセトアルデヒドという物質には毒性があり、発がん性がある**というのです。

アセトアルデヒドは肝臓などでさらに酸化されて酢酸（無害）となりますが、酒に弱い体質の人はこの酸化が出来ないか、酸化のスピードが遅くて、アセトアルデヒドが体内にとどまることでがんのリスクが高まります。

リスクを抑える飲酒量として、アメリカのがん学会は1日ビール小瓶1本以下を提唱しています。健康のためには、これを目安にするのもいいのかもしれません。

アルコールは分解されると毒性が出る

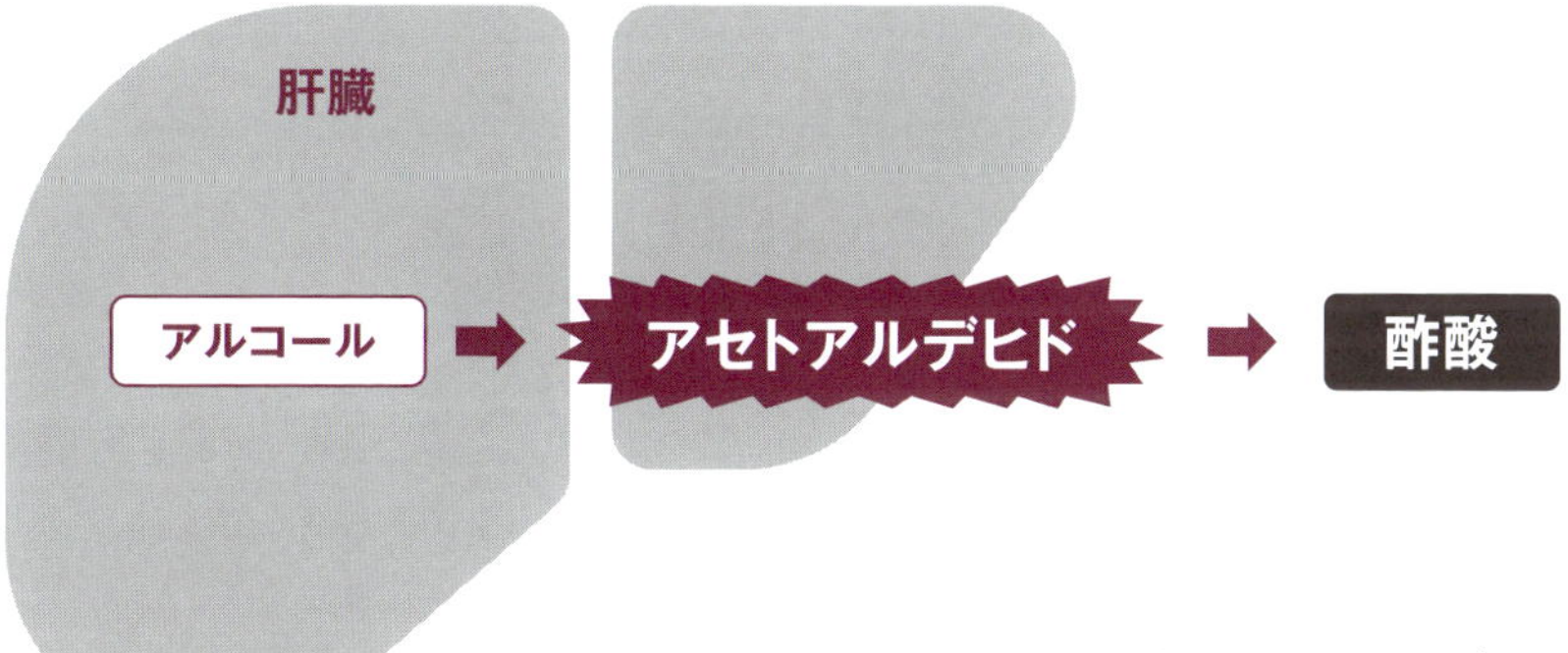

アルコールが酸化される過程で発生するアセトアルデヒドは頭痛、吐き気などの症状を引き起こすだけでなく、発がん性もある。飲酒はがんのリスクを高めるので要注意。なお、アセトアルデヒドがさらに酸化されると酢酸（無害）となる。

1日の適量はビール小瓶1本以下

アメリカのがん学会が推奨する1日の飲酒量の目安は、ビール小瓶1本以下とのこと。

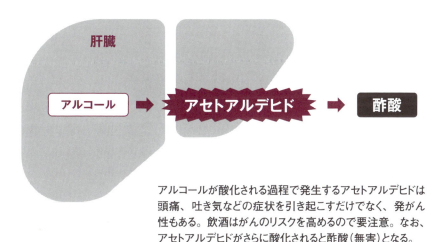

POISON

-04-

思った以上に芽がヤバい！［ジャガイモの毒］

子どもたちがジャガイモの被害に

スーパーや青果店で買ってきたジャガイモを放置しておくと、芽が出てしまいます。この芽に毒があることは有名ですが、どういったタイプの毒なのか、どの程度の強さの毒なのかはあまり知られていないかもしれません。

ジャガイモの芽や緑色の皮には、アルカロイドのソラニンやチャコニンという物質が含まれています。これらは天然の毒素の一種です。

ソラニンやチャコニンによって、下痢、嘔吐、頭痛、腹痛、疲労感などの症状が出ます。子どもの場合には昏睡、けいれんなどの症状が出ることもあり、最悪の場合、死に至ります。

2014年には石川県の小学校で、収穫したジャガイモを皮ごとゆでて食べた児童9人が食中毒を引き起こし、吐き気、腹痛、のどの痛みなどを訴えました。幸い、児童たちはそれ以上の重篤な状態にはならなかったそうですが、この事故以外にも学校行事でジャガイモの食中毒は複数件発生しています。理科の授業で育てたジャガイモを校内で調理した際に、児童・生徒が食中毒になるケースがままあるのです。

一般に、「しっかり加熱すれば食中毒は防げる」と考えがちですが、**ジャガイモの毒素は加熱で分解されません**。芽はしっかりと取り除き、緑色の皮は厚くむくようにして、毒素が口に入らないようにしましょう。

芽と緑の皮に毒がある

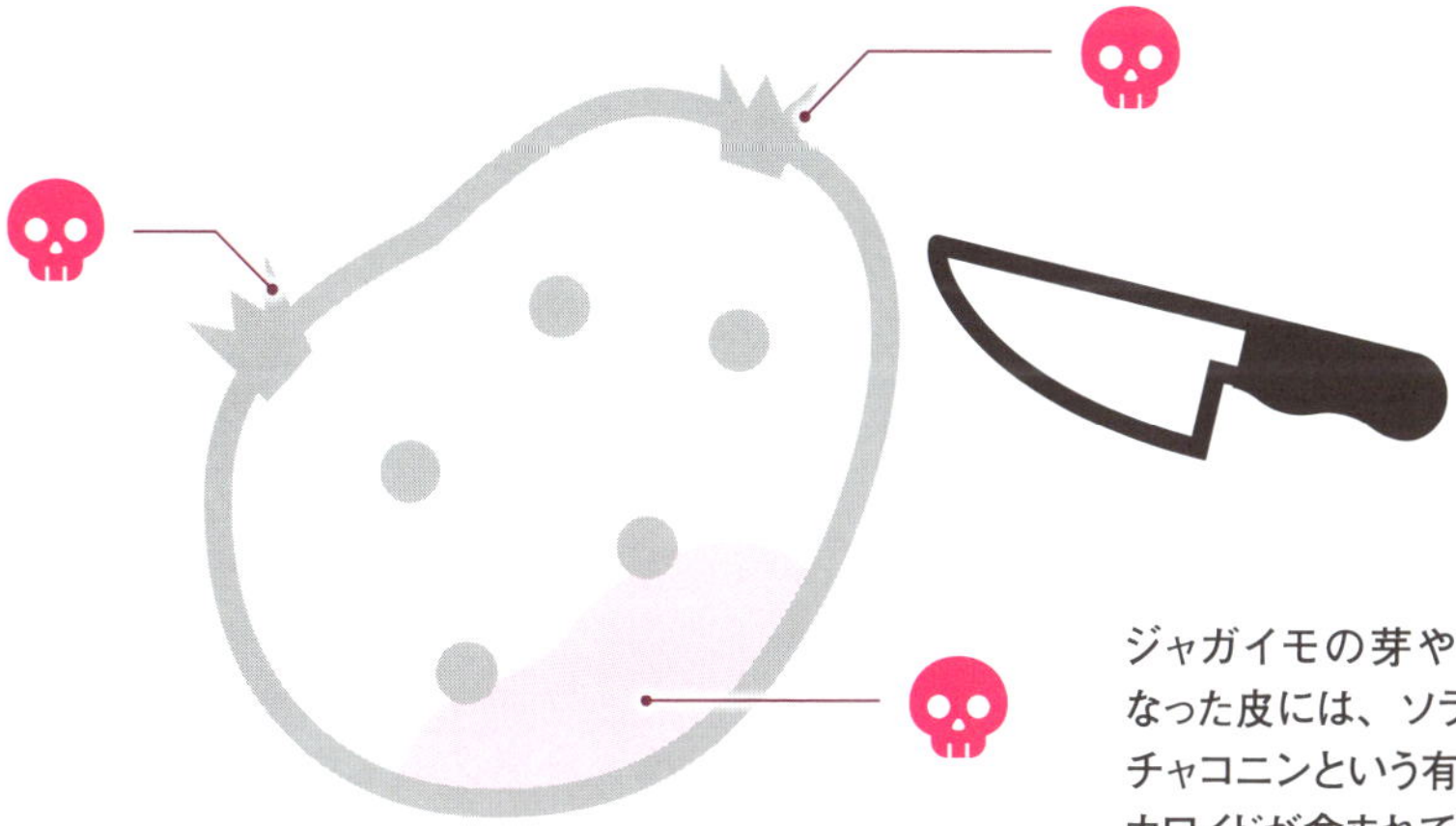

ジャガイモの芽や緑色になった皮には、ソラニンやチャコニンという有毒アルカロイドが含まれている。

学校でジャガイモ食中毒が発生

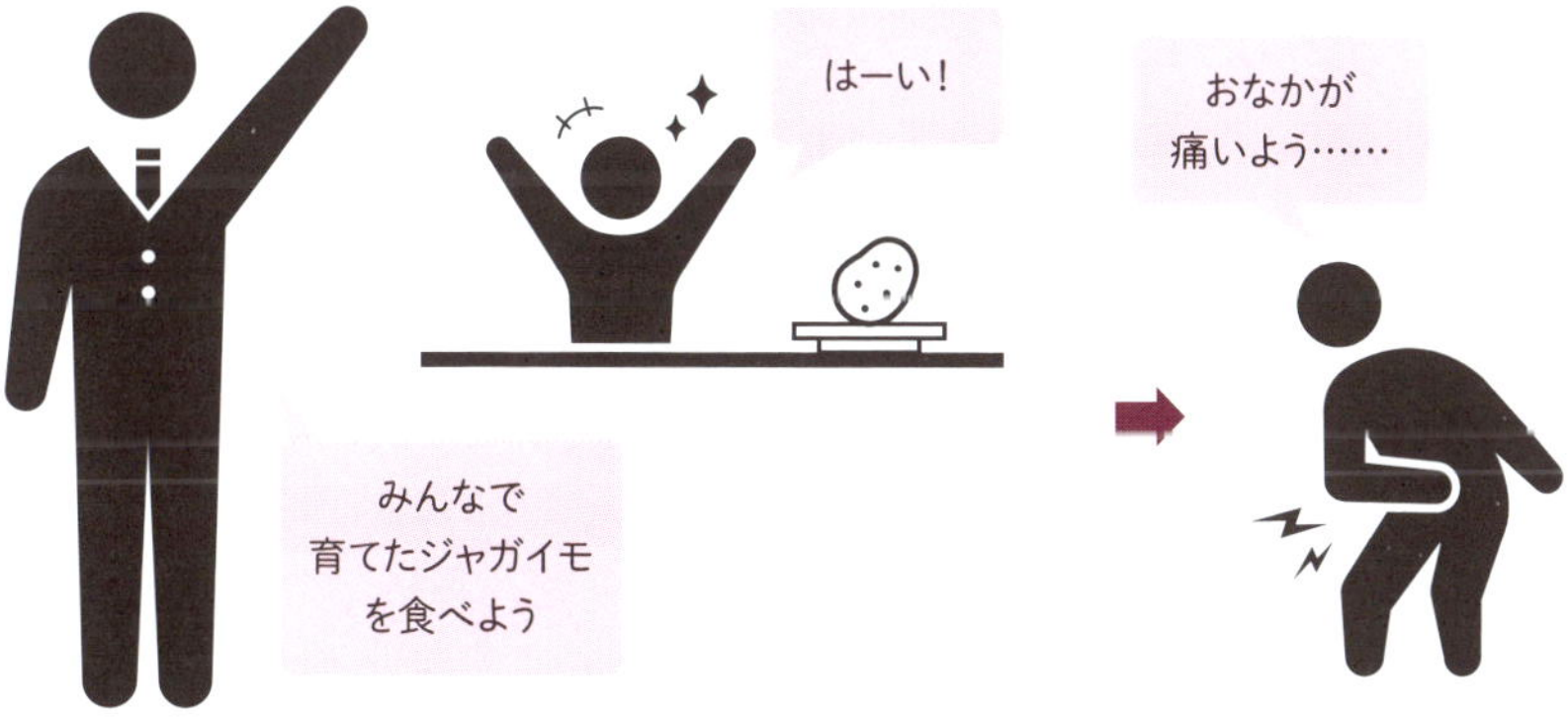

ジャガイモ食中毒の大半は学校行事で発生している。授業で育てたジャガイモを調理して食べた児童・生徒が食中毒になったケースが多い。

POISON

-05-

食物毒界のレジェンド的存在［フグの毒］

猛毒があっても食べたいという人が続出

毒を持っているけれど美味しい高級魚といえばフグです。フグにはトラフグ、ハコフグ、ショウサイフグなどさまざまな種類が存在しますが、日本で見られる約30種類のフグのうち20種以上、つまり大半が有毒です。

フグの毒はテトロドトキシンと呼ばれるもので、**青酸カリの500～1000倍もの強さの猛毒**。これは主にフグの肝臓や卵巣などの内臓や皮膚などに含まれていて、食べるとしびれ、嘔吐、知覚麻痺、言語障害、呼吸困難、運動麻痺、意識消失などの症状があらわれ、最悪の場合は死に至ります。

フグが美味しいことは昔から知られ、危険をかえりみずに食べて命を落とす人がたくさんいました。豊臣秀吉はフグ食禁止令を出しましたし、明治時代にはその半ば（明治21年）までフグ食は禁止されていました。現代でも、フグの調理は免許を持った人しか許されていません。

近年では、毒を持たないフグの養殖が実現しました。フグの毒はフグの体内でつくられるのではなく、海水に生息する微生物がもたらしているもの。そこで、エサや水を管理することにより、無毒のフグを育てることができたのです。

ただし、まだまだフグの毒にはわからないことも多く、**無毒とされる養殖フグの調理にも、もちろん免許が必要です。**

フグ食禁止令も出された

フグの美味しさから、誘惑に負けて食べて死ぬ人が多く、豊臣秀吉はフグ食禁止令を出した。

危険！完全に食用不可のフグ

多くのフグには可食部分があるが、ドクサバフグは肉にも毒があり食用不可。食用可のサバフグ類に似ているので要注意。

POISON

-06-

WHOも警告〝トランス脂肪酸〟［マーガリン］

がんや認知症にも関連している？

バターの代用品として開発されたマーガリン。日本では１９０８年に製造されるようになり、当初は「人造バター」と呼ばれていました。牛乳からつくられるバターに対して、マーガリンは植物性油脂や動物性油脂などからつくられ、**植物性油脂を高温で脱臭する工程で生じるのがトランス脂肪酸**です。トランス脂肪酸は脂質の構成成分である脂肪酸の一種で、１９５０年ごろから健康に悪いと指摘されはじめました。

トランス脂肪酸が健康に及ぼす悪影響については、ＷＨＯが「トランス脂肪酸は悪玉コレステロールを増やすので、動脈硬化や心筋梗塞などのリスクを高める」と報告しています。肥満やアレルギー性疾患との関連が認められていますし、糖尿病、がん、認知症などとの関連性も疑われています。

諸外国ではトランス脂肪酸の規制が進み、アメリカでは２０１８年６月18日をもってトランス脂肪酸の使用が禁止されることになりました。

日本ではアメリカほど厳しい制限はありませんが、もともと**日本人は脂質摂取量が少なく、ＷＨＯが提唱する目標（総エネルギー摂取量の１％）もクリアしており、トランス脂肪酸が日本人に与える影響は少ないのではないかと考えられています**。極端に摂りすぎない食生活を心がけておけばおそらく問題ないと思われます。

バターの代用品として開発

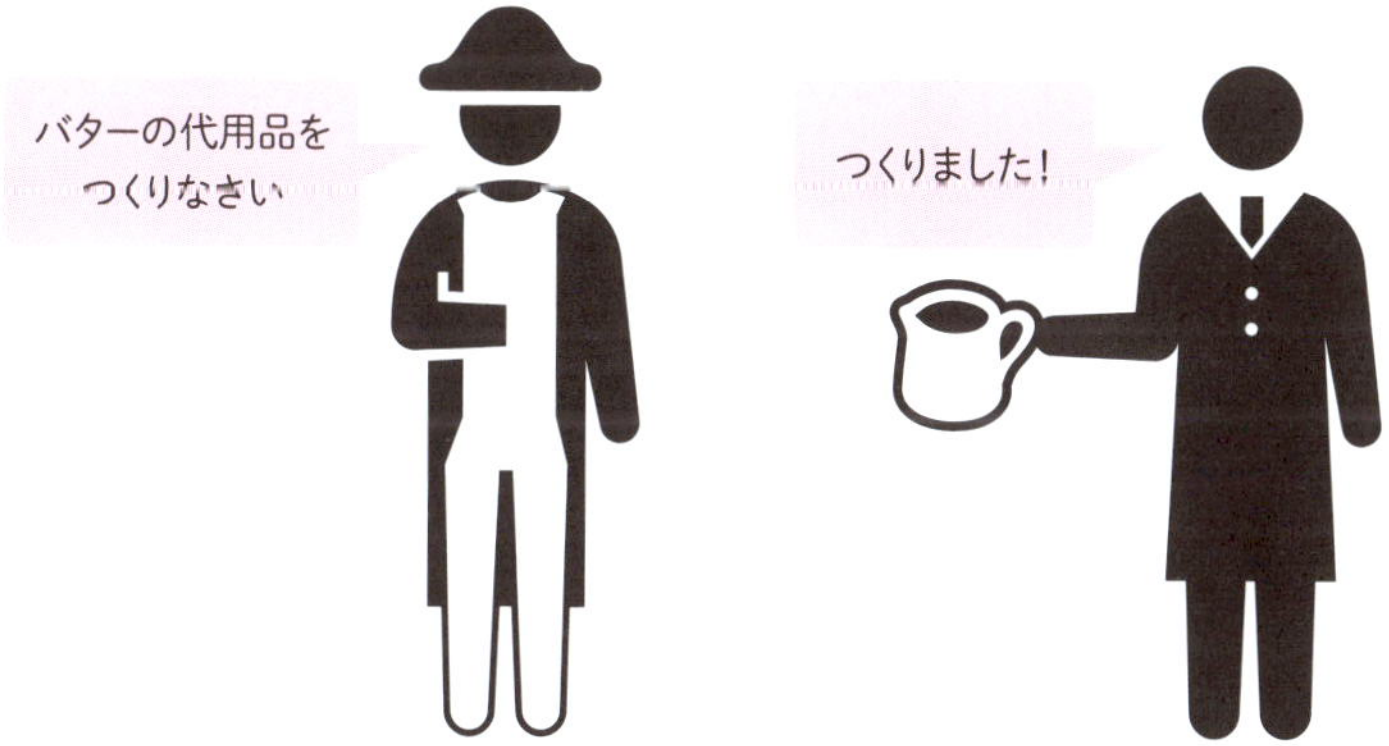

バター不足で困っていた19世紀のフランス。ナポレオン3世はバターの代用品を募集。ムーリエという科学者が、牛脂に牛乳やオリーブ油を加えたものからマーガリンを開発した。その後、植物性油脂を主体とする配合に変化した。

トランス脂肪酸は油脂の加工過程で生まれる

トランス脂肪酸は油脂の加工過程で生成される。マーガリン以外にパン、ケーキ、ドーナツ、マヨネーズ、生クリーム、サラダ油などがトランス脂肪酸を含んでいる。

POISON

-07-

大腸がんになるリスク上昇!? ［加工肉］

便利な食べ物だが、実は危険なところも

われわれは通常の肉類だけでなく、ハムやソーセージ、ベーコンなどのいわゆる加工肉をよく食べています。

加工肉とは、肉類を保存などのために加工処理した製品のことです。加工方法はさまざまで、塩漬け、燻製、発酵、脂の注入などがあります。サイコロステーキなどでよく見る、内臓肉などを加えて形状を整える「成形肉」も加工肉の一種です。

加工肉は保存がききますし、味付けしてあるので調理も簡単。さまざまな料理にあって手軽に扱えるので、毎日の生活のなかで重宝している人も多いことでしょう。

一方で、「加工肉は体に悪い」と聞いたこともあるのではないでしょうか。

WHOのがん専門の機関である国際がん研究機関（IARC）は、加工肉についての研究成果として、「**1日あたり50gの加工肉を摂取し続けると、大腸がんのリスクが18%増加する**」と公表しました。加工肉を植物性タンパク質に置き換えると死亡リスクが46%も下がる、という研究結果もあるようです。

このため、便利な加工肉ですが、あまり積極的には摂らないほうがいいのかもしれません。加工肉の代わりに、**魚や大豆などのタンパク質を食生活に取り入れるのがおすすめ**です。

種類が豊富な加工肉

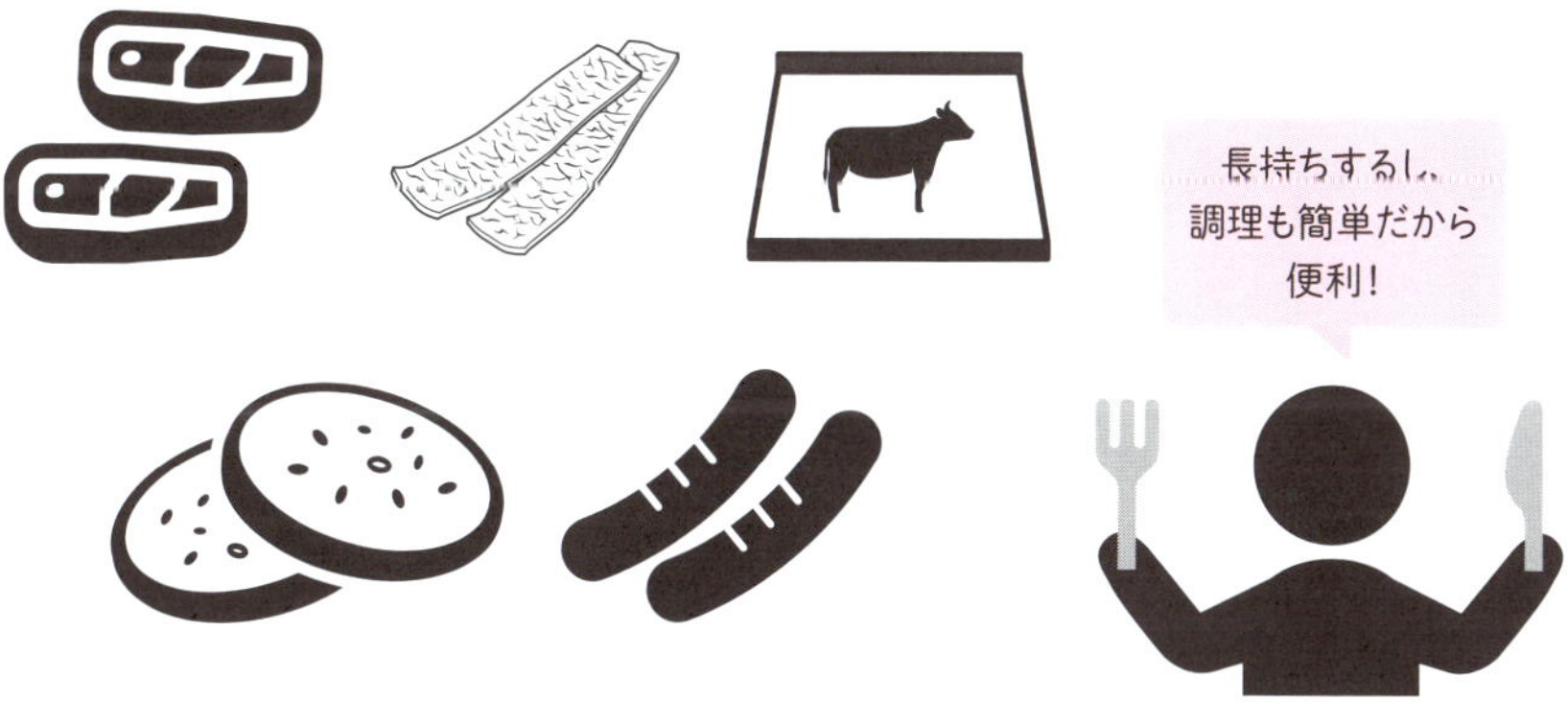

塩漬け、燻製、発酵など、香りや保存性を高めるための加工をしたのが加工肉。ハム、ソーセージ、ベーコン、コンビーフ、干し肉、缶詰肉などが代表的な存在だ。

加工肉でがんのリスクが跳ね上がる!?

1日あたり50gの加工肉を摂取し続けると、大腸がんのリスクが18%増加するといわれている。

結局、実際のところ、どのくらい体に悪いの？［焦げ］

真っ黒に焼けた魚と肉はNG！

香ばしいご飯のおこげは、胃の薬として扱われていたことがありました。戦国大名の伊達政宗も、侍医への手紙に「ご飯粒の黒焼きに黄檗《おうばく》（キハダの樹皮の生薬）の粉を混ぜたものを調合してほしい」と書いているので、おなかによいと考えられていたのでしょう。

しかし、1970年代に**食品の焦げた部分、特に魚の焦げには発がん性がある**という情報が広まりました。焦げのなかに含まれている発がん性物質は、アクリルアミド、ヘテロサイクリックアミンなどです。

動物を使った実験では、大量のアクリルアミドを長期投与した際に発がん率が上昇するという結果が見られました。IARC（110ページ）もアクリルアミドに注目して、その発がん性について研究しています。日本の農林水産省も、アクリルアミドの摂取量を減らすための努力をする必要があると結論づけています。

ただし、焦げはよっぽど大量に食べ続けなければがんになることはないと考える専門家も少なくありません。自分の体重の4倍以上など、ありえない量でないと影響は出ないと、彼らはいいます。普段口にする程度なら大丈夫そうですが、**真っ黒に焼けた肉や魚の成分に発がん性が認められたのは事実なので、あえて積極的に食べる必要もない**とはいえましょうか。

おこげは胃の薬だった

ご飯粒の黒焼きを
用意せよ

はっ

ご飯粒の黒焼きは胃の薬として扱われていた。
伊達政宗が侍医に調合を頼んだ記録もある。

食べすぎには注意

焦げてても
平気！

焦げに発がん物質が含まれるのは事実。体内での蓄積を避けるためにも食べすぎないほうがいいだろう。

コラム

- 5 -

思わぬ作用を引き起こす体によくない食べ合わせ

普段食べているものには、単体では大丈夫でも一緒に何を食べるかで、思わぬ作用を引き起こすものがあります。そこで、体にあまりよくないと思われ、科学的根拠のありそうな食べ合わせの例を下記にて挙げてみました。つねに食べていなければあまり神経質になる必要はないと思いますが、参考にはなるかと思います。

食べ合わせ	作用
ホタテ+いくら	ホタテの酵素がいくらのビタミン B_1を破壊する。ホタテをしっかり加熱すれば改善される。
大根+にんじん	にんじんの酵素アスコルビナーゼが大根のビタミンCを破壊する。ただし、アスコルビナーゼは酸に弱いので酢を使えば改善される。
焼き魚+漬物	焼き魚のジメチルアミンと漬物の亜硝酸ナトリウムが反応し、発がん性物質を生み出す可能性がある。
玄米+牛乳	玄米のフィチン酸と牛乳のカルシウムが結合し、カルシウムが吸収されにくい。
枝豆+チーズ	枝豆のフィチン酸とチーズのカルシウムが結合し、カルシウムが吸収されにくい。
レバー+みょうが	みょうが成分が胃腸の働きを抑えてしまい、レバーに含まれるせっかくの栄養の吸収が低減される。

なお、最近では、食べ合わせではなりませんが、医薬品と食品との間に相性のよくない組み合わせも知られています。たとえば、ワーファリンという薬を服用する際に納豆を食べることは禁忌ですし、アルコールを飲みながらの睡眠薬や抗うつ剤の服用は絶対に避けてください。危険です。

第6章

徐々に体を蝕む依存度の高い麻薬

一度手を出せば抜け出せない麻薬。依存の恐ろしさと心身への破壊的影響を徹底解説します。

POISON

-01-

やめたくてもやめられない快楽をもたらす毒

なぜ「麻薬」は人間を虜にするのか？

麻薬と聞くと一般的に恐ろしいイメージがありますが、海外では合法的に摂取可能なところがあったり、一部の麻薬は治療薬として役立っていたりとさまざまな情況が存在しています。とはいえ、麻薬は使い方によって確実に人間の毒となるので注意が必要です。

その麻薬が毒となる原因のひとつが「依存性」です。たとえば、人が快楽を感じるとき、脳内ではドーパミンという物質が放出されます。人間の体はドーパミンが出続けると心と体のバランスが崩壊してしまうので、脳にはドーパミンの放出と抑制を均等にするメカニズムが備わっています。しかし、麻薬が脳内に入り込むとドーパミンの制御ができなくなり、快楽に溺れてしまうようになります。これが麻薬に「依存」している状態です。

さらに麻薬を一度取り入れると、脳には今までにない変化が起こります。一度快楽を味わってしまうと、その後も快楽を追い求め続けるようになり、薬物の摂取を繰り返すうちに脳が正常に働かなくなり、やめたくてもやめられなくなってしまうのです。最終的には、**体が薬物に慣れて快楽の効果が出にくくなり、より多くの薬物を求める状態に陥ります。**これが人々の人生をくるわす、恐ろしい「薬物中毒」のメカニズムなのです。

抜け出せない「乱用・依存・中毒」サイクル

乱用

薬物を社会的許容から外れた目的や方法で接種すること。

急性中毒

乱用した結果、体に異常があらわれたり、急死したりする。

依存

薬物の乱用を繰り返したあと、やめたくてもやめられない状態。

慢性中毒

薬物に依存した結果、慢性的な身体症状や精神病があらわれる状態。

麻薬には脳の働きを乱し、短時間で「依存」を引き起こす恐ろしいリスクがある。薬が切れるとけいれんや錯乱などの「慢性中毒」の症状があらわれ、「急性中毒」で死に至ることも。

快楽をもたらすさまざまな依存性薬物

興奮剤系

代表的な覚醒剤として、俗にシャブなどと呼ばれるメタンフェタミンやコカインなど。

抑制剤系

医療用としても知られるモルヒネや、ヘロイン、ケシの果実の樹脂を固めたアヘンなど。

幻覚剤系

幻覚成分のサイロシビンを含むマジックマッシュルームやLSD、大麻成分のTHCなど。

大麻

大麻の葉や樹脂由来のマリファナやハシシュなど。幻覚作用を有する成分THCなどを含む。

一般的に知られる依存性薬物の分類。さまざまな作用が複合的に起こるものがほとんど。

POISON

-02-

法をかい潜ったとしても体への影響甚大！［危険ドラッグ］

姿を変え続ける恐ろしいドラッグ

「気分がハイになり、マンションから飛び降りて死亡」「大麻グミで体調不良を訴える被害が全国で相次ぐ」――これらはいずれも危険ドラッグを取り上げた最近のニュースです。

危険ドラッグは以前、「脱法ハーブ」や「合法大麻」、「合法ドラッグ」などと名前を変えて呼ばれていましたが、2014年7月からこれらを「危険ドラッグ」と総称することになりました。これらの服用により、幻聴幻覚や意識不明、けいれんなどの健康被害が報告されています。大変に危険で違法なドラッグなのです。

その主な正体は、麻薬や覚醒剤の化学構造を少し変えただけの化学合成物質。体への影響は麻薬や覚醒剤と変わりません。それどころか、麻薬や覚醒剤より危険な作用を引き起こす可能性のあることも。**実際にはどんな危険性があるのかわからない、恐ろしい物質**なのです。

それにもかかわらず、その恐ろしさがほとんど認識されていません。厚生労働省は何度も規制を強化してきましたが、新たな規制が新たな化合物を生み出す結果になりました。法を潜り抜けるため、**グミなどのお菓子やお香、バスソルト、ハーブ、アロマなどに姿を変えたりして**販売されている例もあります。

そのカラフルなパッケージや「合法・安全」という言葉を決して信用してはいけません。

用途を偽造して売られる「危険ドラッグ」

色や形状もさまざまで、液体や粉末、乾燥植物など、見た目では危険ドラッグとわからないように巧妙につくられている。

危ない！　危険ドラッグによる事件と事故

車を運転し、死亡事故

上半身裸で学校に侵入、逮捕

下痢、嘔吐、衰弱による死亡

所持と販売により逮捕

危険ドラッグを摂取することで、自分をコントロールできない状態に陥り、事件や事故を起こしてしまうケースが多い。

POISON

-03-

昔はコーラに入っていた!?［コカイン］

抜け出せない〝魔法薬〟

コカインとは、南米原産のコカの葉に含まれる成分を抽出したもの。**かつては医療の現場でも多用され、その強い効き目から「魔法の物質」として世界に広まりました。**しかし、次第に過剰摂取による中毒死などが続出し、厳しく規則されることとなります。

コカインの見た目は、白い粉状。摂取方法は、細かく砕いたものを、鼻から吸い込むことが一般的。体のなかに入ると、中枢神経を興奮させて脳内の快感に関する神経に作用し、いわゆる「ハイな状態」になります。しかし、その効果は長くは続きません。爽快感に包まれるのは3時間程度で、その後は反動でイライラとしたうつ状態に陥ります。そしてまた快楽を求めて手を出す…という悪循環から抜け出せなくなる、精神的依存性がとても強い薬物といわれています。

重い中毒になると、幻聴や幻覚などといった重度の精神障害を患います。その症状は、虫が体を這い回るような感覚におそわれたり、さらには誰かに監視されているという被害妄想にさいなまれたりするといった状態になることです。

コカインが生まれた19世紀には、このような恐ろしさが理解されていないまま多くの人が服用していました。あのシャーロック・ホームズもコカイン使用者という設定になっているほど、身近なものだったのです。

コカインのマメ知識

大人気のコーラに入っていた!

1886年にアメリカの薬剤師 J.S. ペンバートンによって考案されたコカ・コーラには、当初は実際にコカの葉の成分が入っていた。

高山病に効くコカの葉

コカの葉は高山病に効果も。南米ボリビアなどの一部地域では、今でも日常的に葉を噛んだり、お茶として愛用したりする習慣がある。

コカインより恐ろしい「クラック」

コカイン塩酸塩に水と重曹を加えて加熱し、冷やして固体化させたもの。パイプに詰めて摂取する。体内に入ると強烈な効果を発揮し、たった一回の摂取で100% 依存症に陥るといわれている。

POISON -04-

密輸が横行、人間性までも変えてしまう規制薬物［覚醒剤］

一度手を出すと、一生逃げられない

わが国の法律で覚醒剤とは、「メタンフェタミン」と「アンフェタミン」をさします。

現在、国内では覚醒剤としてメタンフェタミンの方が主に流通しており、この薬物はかつて眠気を覚まし、気分を高揚させる薬「ヒロポン」として一般発売されてもいました。結晶状のメタンフェタミンは、見た目が氷のかけらのようで俗にアイスとも呼ばれています。

覚醒剤は、極めて精神的依存性が強い薬物といわれています。

摂取すると爽快感に包まれるものの、薬が切れると、その反動で極度の疲労や倦怠感、さらにはうつ状態になる場合も。こうした状態を抜け出すため、もう一度気持ちいい状態を求めて薬を摂取し続けてしまうのです。

また、高値で取り引きされている覚醒剤を是が非でも入手しようとして、強盗などの犯罪に手を出してしまうケースも多々あります。

さらに、**覚醒剤の本当の恐ろしさは、一度手を染めてしまうと「その影響が一生消えない」**ことにあります。摂取中止によって表面上では普通の生活に戻ったようでも、不眠やストレスがきっかけで、突然、幻覚や妄想などの症状が再燃することがあります（「フラッシュバック」現象）。つまり覚醒剤に一度手を出してしまうことは、一生逃げられないことを意味するのです。

摂取方法もいろいろ！　薬物の使われ方

喫煙

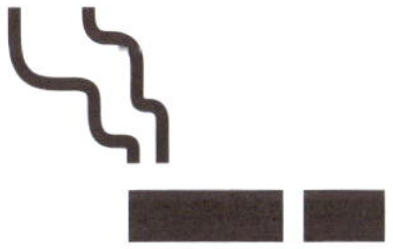

経口

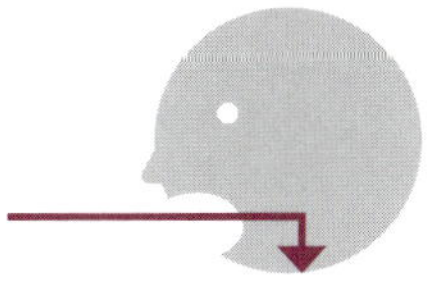

鼻からの吸引

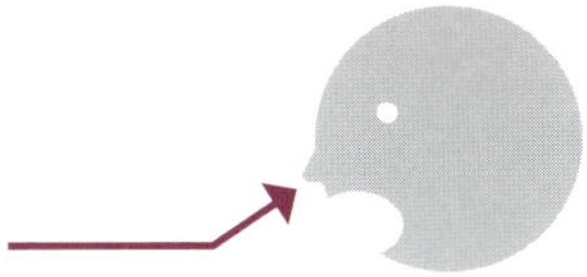

注射

中毒になれば、数日にわたって寝食を忘れて数時間おきに摂取し続けることもある恐ろしい薬物「覚醒剤」。

増加傾向にある薬物押収量

コカイン
約56kg

乾燥大麻
約850kg

覚醒剤
約1600kg

MDMA等錠剤型合成麻薬
約16万9700kg

覚醒剤押収量は前年より増加し、約1600kgが押収されている（数値は2024年7月23日付厚生労働省による2023年データより抜粋）。

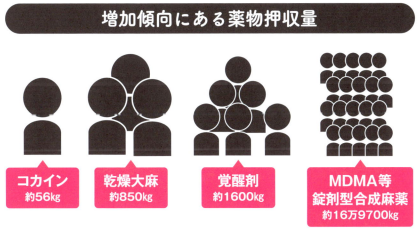

POISON -05-

ケシ→アヘン→モルヒネから最悪の麻薬が誕生！「ヘロイン」

神の薬が「最悪の麻薬」を生んだ

モルヒネは、がんの痛みに対処する鎮痛剤などとして、現在でも世界の医療現場で使用されています。

かつて痛みを消し去る「神の薬」とも呼ばれたモルヒネです。しかしそれが、悪魔の麻薬「ヘロイン」を生み出すことにもなったのです。

モルヒネに無水酢酸を作用させてアセチル化したものが、１８９８年にドイツの会社から咳止めの薬「ヘロイン」として発売されました。当初はモルヒネよりも強い鎮痛作用も期待されていましたが、のちに強い依存症や禁断症状のあることが判明します。

ヘロインは別名「最悪の麻薬」と呼ばれるほど、麻薬のなかでも特に快楽性・依存性が高く、身体的依存性も強力なことで知られています。

ヘロイン依存者が数時間ヘロインを摂取しないと、全身の筋肉や骨がバラバラになるほどの痛みを感じます。さらに、ヘロインの大量摂取による急性ヘロイン中毒は、呼吸困難から昏睡を経て、死に至ります。

そして今、ヘロインを超える新しい麻薬がアメリカを中心に問題となっています。**その名は「フェンタニル」。鎮痛作用は最大でヘロインの50倍、モルヒネの１００倍ともいわれますが、極少量で死に至る場合もあることから「ゾンビ麻薬」とも呼ばれています。**

最悪の麻薬「ヘロイン」ができるまで

ケシの果実

ケシ坊主に傷をつけて得られる乳液を固めたものが生アヘン。

アヘン

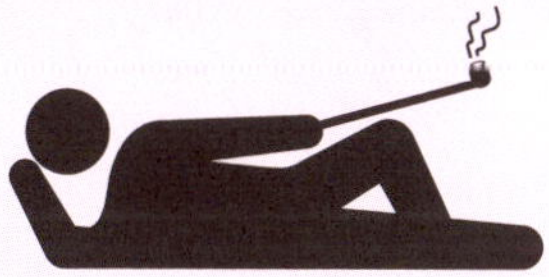

横になってアヘンを炙り吸引するのが主流だった。

モルヒネ

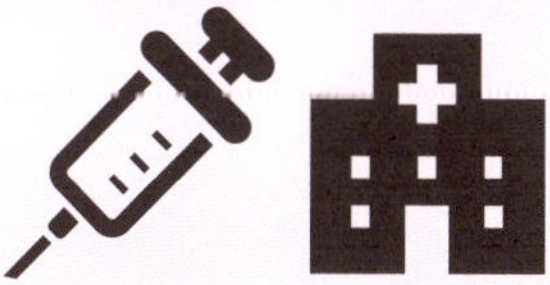

アヘンからモルヒネを抽出・精製し、医療用モルヒネとして使用。

ヘロイン

モルヒネにアセチル化という化学変化を加え、ヘロインが完成する。

数錠で命を落とす「フェンタニル」

アメリカで、鎮痛剤として使われるフェンタニルが社会問題に。「気持ちよくなる鎮痛剤」と軽い気持ちで服用し、命を落としてしまうケースがあとを絶たない。

コラム

-6-

みんな大好き マンゴーにも毒がある!?

生活のなかで、有害だとは思わずに接しているものは意外に多くあります。たとえばスーパーでよく見るモロヘイヤは、生長時期によって毒のある場合があります。すなわち、花が咲いたあとにできる種やさやに、強心作用のある毒成分が含まれているのです。特に家庭菜園で育てている場合は注意しましょう。もちろん、市販のモロヘイヤは若い葉や茎の部分にあたり、毒はありません。

また、誰にでも起こる可能性があるのが食物アレルギーです。普段から当たり前に食べていたものでも、突然何かしらの症状が出てしまうことがあります。たとえば、マンゴーにはマンゴールという成分が含まれていて、アレルギーを起こすと、口や唇のかゆみ・腫れ、のどの痛みなどの症状があらわれます。実はマンゴーはかぶれることで有名なウルシと同じ科に属する植物なのです。

これらに加えて注意していただきたいのが、キョウチクトウです。公害に強く丈夫で、公園や道路のそばによく植えられていますが、非常に強い心臓毒を持っています。過去には、この枝を串代わりにしてBBQを行い、参加者が死亡する事故も発生しています。最悪の事態を招かないためにも、不用意に触らないよう気をつけてください。

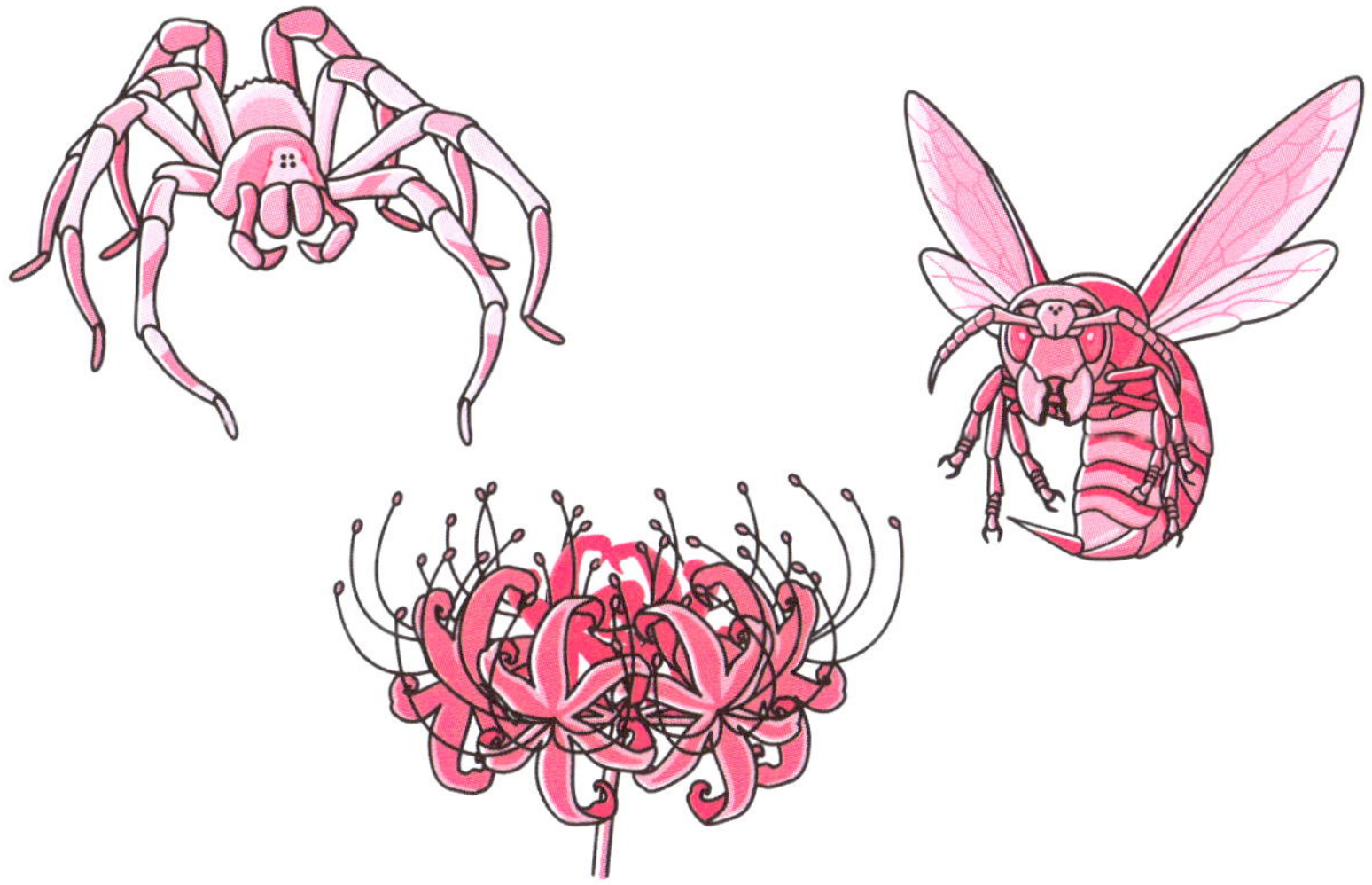

参考文献

『ヤバすぎる毒の図鑑』
船山信次（監修）、宝島社

『ポケット図解　最新「毒」の雑学がよ～くわかる本』
高遠竜也（著）、秀和システム

『大人のための図鑑 毒と薬』
鈴木勉（監修）、新星出版社

『毒』（PHP 文庫）
船山信次（著）、PHP 研究所

『毒図鑑　生きていくには毒が必要でした。』
丸山貴史（著）、国立科学博物館（監修）、幻冬舎

『すごい毒の生きもの図鑑　わけあって、毒ありです。』
船山信次（監修）、ウラケン・ボルボックス（絵）、中央公論新社

『毒があるのになぜ食べられるのか』（PHP 新書）
船山信次（著）、PHP 研究所

『みんなが知りたい！　不思議な「毒」のすべて　身近にひそむキケンを学ぼう』（まなぶっく）
「毒のすべて」編集室（著）、メイツ出版

『毒の科学―毒と人間のかかわり』
船山信次（著）、ナツメ社

『〈麻薬〉のすべて』（講談社現代新書）
船山信次（著）、講談社

『毒と薬の世界史』（中公新書）
船山信次（著）、中央公論新社

監修者紹介

船山信次（ふなやま しんじ）

日本薬史学会会長、日本薬科大学客員教授、薬剤師・薬学博士。1951年仙台市生まれ。東北大学薬学部卒業、同大学大学院薬学研究科博士課程修了。米国イリノイ大学薬学部博士研究員、北里研究所室長補佐、東北大学薬学部専任講師、青森大学教授、日本薬科大学教授などを歴任。著書に『毒』（PHP文庫）、『毒と薬の世界史』（中公新書）、『毒の科学』（ナツメ社）、『<麻薬>のすべて』（講談社現代新書）、『毒が変えた天平時代—藤原氏とかぐや姫の謎』（原書房）、『アルカロイド—毒と薬の宝庫』（共立出版）など多数。TV やラジオ番組にも多数出演。

STAFF

編集	細谷健次朗（株式会社 G.B.）
編集協力	吉川はるか、池田麻衣
執筆協力	野村郁朋、龍田 昇、北川紗織
装丁・デザイン	川本怜（アイル企画）
カバーイラスト	羽田創哉（アイル企画）
本文デザイン	深澤祐樹（Q.design）
本文イラスト	ヤム烈
DTP	G.B.Design House

眠《ねむ》れなくなるほど面白《おもしろ》い
図《ず》解《かい》　毒《どく》の話《はなし》

2025 年 3 月 10 日　第 1 刷発行

監　修	船山信次《ふなやましんじ》
発行者	竹村 響
印刷所	株式会社広済堂ネクスト
製本所	株式会社広済堂ネクスト
発行所	株式会社 日本文芸社
	〒 100-0003 東京都千代田区一ツ橋 1-1-1 パレスサイドビル 8F

乱丁・落丁などの不良品、内容に関するお問い合わせは、
小社ウェブサイトお問い合わせフォームまでお願いいたします。
URL https://www.nihonbungeisha.co.jp/

Printed in Japan 112250226-112250226 Ⓝ01 (300088)

ISBN978-4-537-22276-0
（編集担当：藤澤）